AF400266

3

Springer-Verlag
Berlin Heidelberg GmbH 1985

Wörterbuch der Kraftübertragungselemente Band 3 · Stufenlos einstellbare Getriebe	**D**
Diccionario de elementos de transmisión Tomo 3 · Variadores de velocidad	**E**
Glossaire des Organes de Transmission Volume 3 · Variateurs de vitesse	**F**
Glossary of Transmission Elements Volume 3 · Speed Variators	**GB**
Glossario degli Organi di Trasmissione Volume 3 · Variatori di velocità	**I**
Glossarium voor Transmissie-organen Deel 3 · Regelbare aandrijvingen (variatoren)	**NL**
Ordbok för Transmissionselement Band 3 · Steglöst inställbara växlar	**S**
Voimansiirtoalan sanakirja Osa 3 · Portaattomasti säädettävät vaihteet	**SF**

Eurotrans

Europäisches Komitee der Fachverbände
der Hersteller von Getrieben und Antriebselementen
Federführung bei der
Fachgemeinschaft Antriebstechnik im VDMA
Lyoner Straße 18, D-6000 Frankfurt/Main 71

CIP-Kurztitelaufnahme der Deutschen Bibliothek

Wörterbuch der Kraftübertragungselemente
Diccionario de elementos de transmissión
EUROTRANS, Europ. Komitee d. Fachverb. d.
Hersteller von Getrieben u. Antriebselementen.
Federführung bei d. Fachgemeinschaft Antriebs-
technik im VDMA
Berlin, Heidelberg, New York: Springer
NE: Europäisches Komitee der Fachverbände der
Hersteller von Getrieben und Antriebselementen, PT
Bd. 3: Stufenlos einstellbare Getriebe. 1985

ISBN 978-3-642-88726-0   ISBN 978-3-642-88725-3 (eBook)
DOI 10.1007/978-3-642-88725-3

Das Werk ist urheberrechtlich geschützt. Die dadurch begründeten Rechte, insbesondere die der Übersetzung, des Nachdrucks, der Entnahme von Abbildungen, der Funksendung, der Wiedergabe auf photomechanischem oder ähnlichem Weg und der Speicherung in Datenverarbeitungsanlagen bleiben, auch nur bei auszugsweiser Verwertung, vorbehalten. Die Vergütungsansprüche des § 54, Abs. 2 UrhG, werden durch die „Verwertungsgesellschaft Wort", München, wahrgenommen.

© Springer-Verlag Berlin Heidelberg 1985
Ursprünglich erschienen bei Springer-Verlag Berlin Heidelberg New York Tokyo 1985
Softcover reprint of the hardcover 1st edition 1985

Die Wiedergabe von Gebrauchsnamen, Handelsnamen, Warenbezeichnungen usw. in diesem Buch berechtigt auch ohne besondere Kennzeichnung nicht zu der Annahme, daß solche Namen im Sinne der Warenzeichen- und Markenschutz-Gesetzgebung als frei zu betrachten wären und daher von jedermann benutzt werden dürfen.

Satz: Daten- und Lichtsatz-Service, Würzburg

Einband: Lüderitz & Bauer, Berlin
2362/3020-543210

D	Band	1	Zahnräder
		2	Zahnradgetriebe
		3	Stufenlos einstellbare Getriebe
		4	Zahnradfertigung und -kontrolle
		5	Kupplungen
E	Tomo	1	Ruedas dentadas
		2	Reductores de engranajes
		3	Variadores de velocidad
		4	Fabricación de engranages y verificación
		5	Acoplamientos y embragues
F	Volume	1	Engrenages
		2	Ensembles montés à base d'engrenages
		3	Variateurs de vitesse
		4	Fabrication des engrenages et contrôle
		5	Accouplements et embrayages
GB	Volume	1	Gears
		2	Gear Units
		3	Speed Variators
		4	Gear Manufacture and Testing
		5	Couplings and Clutches
I	Volume	1	Ingranaggi
		2	Riduttori di velocità ad ingranaggi
		3	Variatori di velocità
		4	Fabbricazione degli ingranaggi e loro controllo
		5	Giunti (accoppiamenti)
NL	Deel	1	Tandwielen
		2	Tandwielkasten
		3	Regelbare aandrijvingen (variatoren)
		4	Tandwielfabrikage en kwaliteitskontrole
		5	Koppelingen
S	Band	1	Kugghjul
		2	Kuggväxlar
		3	Steglöst inställbara växlar
		4	Produktion och kontroll av kugghjul
		5	Kopplingar
SF	Osa	1	Hammaspyörät
		2	Hammasvaihteet
		3	Portaattomasti säädettävät vaihteet
		4	Hammaspyörien valmistus ja tarkastus
		5	Kytkimet

Vorwort

D

Die europäischen Fachverbände der Hersteller von Getrieben und Antriebsele-
menten haben 1967 unter dem Namen „Europäisches Komitee der Fachverbände
der Hersteller von Getrieben und Antriebselementen", kurz EUROTRANS, ein
Komitee gegründet. Die Ziele dieses Komitees sind:

a) die gemeinsamen wirtschaftlichen und technischen Fachprobleme zu studie-
   ren,
b) ihre gemeinschaftlichen Interessen gegenüber internationalen Organisationen
   zu vertreten,
c) das Fachgebiet auf internationaler Ebene zu fördern

Das Komitee stellt einen Verband ohne Rechtspersönlichkeit und ohne Erwerbs-
zweck dar.

Die Mitgliedsverbände von EUROTRANS sind:

Fachgemeinschaft Antriebstechnik im VDMA
Lyoner Straße 18, D-6000 Frankfurt/Main 71,

Servicio Tecnico Comercial de Constructores de Bienes de Equipo (SERCOBE) –
Grupo de Transmision Mecanica
Jorge Juan, 47, E-Madrid-1,

SYNECOT – Syndicat National des Fabricants d'Engrenages et Constructeurs
d'Organes de Transmission
162, Boulevard Malesherbes, F-75017 Paris,

FABRIMETAL – groep 11/1 "Tandwielen, transmissie-organen"
Lakenweversstraat 21, B-1050 Brussel,

BGMA – British Gear Manufacturers Association
P.O. Box 121, The Fountain Centre, GB-Sheffield S 1 3 AF,

ASSIOT – Associazione Italiana Costruttori Organi di Trasmissione e Ingranaggi
Via Moscova 46/5, I-20121 Milano,

FME – Federatie Metaal-en Elektrotechnische Industrie
Postbus 190, NL-2700 AD Zoetermeer,

Sveriges Mekanförbund
Storgatan 19, S-11485 Stockholm,

Suomen Metalliteollisuuden Keskusliitto, Voimansiirtoryhmä
Eteläranta 10, SF-00130 Helsinki 13.

D

EUROTRANS ist mit dieser Veröffentlichung in der glücklichen Lage, den dritten Band eines fünfbändigen Wörterbuches in acht Sprachen (Deutsch, Spanisch, Französisch, Englisch, Italienisch, Niederländisch, Schwedisch und Finnisch) über Zahnräder, Getriebe und Antriebselemente vorzulegen.

Dieses Wörterbuch wurde von einer EUROTRANS-Arbeitsgruppe unter Mitarbeit von Ingenieuren und Übersetzern aus Deutschland, Spanien, Frankreich, England, Italien, den Niederlanden, Belgien, Schweden und Finnland ausgearbeitet. Es soll den wechselseitigen internationalen Informationsaustausch erleichtern und den Leuten vom Fach, die sich in aller Herren Länder mit ähnlichen Aufgaben befassen, die Möglichkeit bieten, einander besser zu verstehen und besser kennenzulernen.

Einleitung

Das vorliegende Werk umfaßt:

acht einsprachige alphabetische Register einschließlich Synonyme in den Sprachen Deutsch, Spanisch, Französisch, Englisch, Italienisch, Niederländisch, Schwedisch und Finnisch.

Im Glossar findet man hinter der Abbildung die Normbegriffe in den acht Sprachen. Jede Rubrik beginnt mit einer Kenn-Nummer.

Sucht man zu einem Stichwort, das in einer der acht Sprachen des Wörterbuches gegeben ist, die Übersetzung in eine der sieben anderen Sprachen, so braucht man nur die Kenn-Nummer des Stichwortes im betreffenden Register festzustellen und findet unter dieser Nummer die Übersetzung im Glossar.

Dieselbe Verfahrensweise gilt für Synonyme, die mit einem * gekennzeichnet sind. Hat ein Wort im alphabetischen Register mehrere Nummern, so ist es je nach dem Sinnzusammenhang verschieden zu übersetzen.

Beispiel: „Kugelscheiben-Getriebe"

Suchen Sie im deutschen Register das Wort auf. Hinter dem Wort finden Sie die Nr. 7009

Suchen Sie nun im Glossar die Nr. 7009 auf. Hinter der Abbildung finden Sie die Normbegriffe in

Deutsch	– Kugelscheiben-Getriebe
Spanisch	– Variador de fricción de bolas y discos cilíndricos
Französisch	– Variateur à friction à billes et plateaux
Englisch	– Ball and disc variable speed drive
Italienisch	– Variatore a sfere e dischi
Niederländisch	– Kogelvariator met schijven
Schwedisch	– Kulskivevariator
Finnisch	– Kuula-levyvariaattori

Begriffe der Zahnradterminologie sind in Band 1 und die der Zahnradgetriebe einschließlich deren Einzelteile in Band 2 enthalten.

Alphabetisches Wörterverzeichnis einschließlich Synonyme

Synonyme = *

D

D

D

D

Prólogo

Las asociaciones profesionales de constructores europeos de engranajes y elementos de transmisión crearon en 1967, con el nombre de "Comisión Europea de Asociaciones de Fabricantes de Engranajes y Elementos de Transmisión", en abreviatura EUROTRANS, una Comisión que tiene por objetivos:

a) el estudio de los problemas económicos y técnicos comunes al sector;
b) la defensa de sus intereses comunitarios ante las organizaciones internacionales;
c) el fomento del sector a nivel internacional.

La Comisión constituye una asociación sin personalidad jurídica ni fines lucrativos.

Las asociaciones miembros de EUROTRANS son:

Fachgemeinschaft Antriebstechnik im VDMA
Lyoner Straße 18, D-6000 Frankfurt/Main 71,

SERCOBE – Asociatión Nacional de Fabricantes de Bienes de Equipo-Grupo de Transmissión Mecánica
Jorge Juan, 47, E-28001 Madrid,

SYNECOT – Syndicat National des Fabricants d'Engrenages et Constructeurs d'Organes de Transmission
162, Boulevard Malesherbes, F-75017 Paris,

FABRIMETAL – groupe 11/1 Section ,,Engrenages, appareils et organes de transmission"
21 rue des Drapiers, B-1050 Bruxelles,

BGMA – British Gear Manufacturers Association
P.O. Box 121, The Fountain Centre, GB-Sheffield S 1 3 AF,

ASSIOT – Associazione Italiana Costruttori Organi di Trasmissione e Ingranaggi
Via Moscova 46/5, I-20121 Milano,

FME – Federatie Metaal-en Elektrotechnische Industrie
Postbus 190, NL-2700 AD Zoetermeer,

Sveriges Mekanförbund
Storgatan 19, S-11485 Stockholm,

Suomen Metalliteollisuuden Keskusliitto, Voimansiirtoryhmä
Eteläranta 10, SF-00130 Helsinki 13.

EUROTRANS se congratula al hallarse en condiciones de presentar con esta publicación el tercer tomo de un diccionario, integrado por cinco volúmenes, relativo a términos del engranaje y elementos de transmisión.

Este diccionario ha sido elaborado por un grupo de trabajo de EUROTRANS, con la colaboración de ingenieros y traductores en Alemania, España, Francia, Inglaterra, Italia, Paises Bajos, Bélgica, Suecia y Finlandia. Su finalidad es facilitar el intercambio de mutuas informaciones, en el terreno internacional, ofreciendo al mismo tiempo al personal de este sector en todos los paises, la posibilidad de conocerse y comprenderse.

E

Introducción

La presente obra se compone de:

ocho registros alfabéticos incluyendo sinónimos en los siguientos idiomas: alemán, español, francés, inglés, italiano, holandés, sueco y finlandés.

En el diccionario, junto a cada figura se encuentra su denominación en ocho idiomas. Cada linea comienza con un número de referencia.

Al buscarse, para una palabra determinada en uno de los ocho idiomas, el término correspondiente en una de las siete restantes lenguas, sólo habrá que averiguar el número de referencia en el indice y se encontrará gracias al citado número, el término traducido a los diferentes idiomas, en el diccionario.

El mismo procedimiento se aplica para los sinónimos, los cuales están señalados con un asterisco. Caso de llevar una palabra en el diccionario varios números, ello significa que se traduce, de acuerdo con el contexto, con diferentes términos.

Ejemplo: "Variador de fricción de bolas y discos cilíndricos"

Se busca la palabra en el índice. El término va seguido del n° 7009

Entonces se busca en el diccionario el n° junto al que se encuentra el dibujo seguido del término tipo traducido en los siguientes idiomas:

Alemán	– Kugelscheiben-Getriebe
Español	– Variador de fricción de bolas y discos cilíndricos
Francés	– Variateur à friction à billes et plateaux
Inglés	– Ball and disc variable speed drive
Italiano	– Variatore a sfere e dischi
Holandés	– Kogelvariator met schijven
Sueco	– Kulskivevariator
Finlandés	– Kuula-levyvariaattori

La terminologia correspondiente a los engranajes esta en el tomo 1, la terminologia correspondiente a los cajas de engranajes y sus componentes esta en el tomo 2.

Indice alfabético de términos, incluyendo sinónimos

Sinónimos = *

E

E

Pieza guia	7240	Resorte	7430
Pieza separadora	7133	Resorte de compresión	7431
Pinón-eje de reglaje	7102	Resorte de disco	7433
Pistón	7324	Resorte del bloque del cilindro	7352
Pistón a punto muerto	7337	Resorte de retención	7245
Pistón del freno	7356	Resorte de tracción	7432
Pistón de mando	7323	Resorte de torsión	7435
Pistón de zapata	7243	Resorte indicador de junta	7476
Placa	7075	Retén de aceite/Junta para ejes	7466
Placa de control	7313	Rodillo	7205
Placa de control eléctrico	7314	Rodillo cilíndrico	7541
Place de control hidráulico	7315	Rodillo cónico	7207, 7542
Placa de distribución	7308	Rodillo exterior	7206
Placa del constructor	7054	Rosca a derecha	7066
Placa de retención	7244	Rosca a izquierda	7067
Placa lateral	7394	Rotor	7302, 7339
Placa soporte de cojinete	7526	Rotor primario	7303
Plato inclinado	7273	Rotor secundario	7304
Polea acanalada	7162	Rueda bomba	7299
Polea conducida	7160	Rueda conductora	7287
Polea conductora	7159	Rueda conductora axial	7285
Polea cónica	7165	Rueda conductora radial	7286
Polea cónica dentada	7166	Rueda de cadena	7190
Polea deslizante	7164	Rueda de fricción	7172
Polea esférica	7167	Rueda de la turbina	7282
Polea fija	7163	Rueda de paletas	7298
Polea para correa	7161	Rueda de ventilador	7510
Polea templada	7134		
Porta pistón	7325		
Posición de montaje	7053.2	Servocilindro	7346
Prensaestopas	7477	Servomotor	7151
Presión	7045	Servopistón	7348
Presión por sobreposión	7364	Sistema de construcción	7053.1
Pulsador	7362	Sobrecarga centrífuga	7225
Pulverizador	7358	Soporte	7202
		Soporte de la bomba	7300
		Soporte del muelle	7216
Racor	7400	Soporte del cojinete	7525
Racor acodado	7484	Soporte del servoestato	7345
Racor de tubo flexible	7481		
Racor en T regulable	7486		
Radio curvatura	7167	Tamaño	7052
Reglaje de carrera al punto cero	7334	Tamiz	7458
Reglaje electro-hidráulico	7266	Tapa de cárter	7391
Reglaje manual	7264	Tapa de centraje	7114
Regulación a distancia	7152	Tapa de cierre	7392
Regulador	7267	Tapa de convertidor	7397
Regulador de marcha	7270	Tapa del cilindro	7353
Regulador de presión constante	7332	Tapadera de la rueda fija a	
Rejilla de ventilación	7513	paletas de reacción	7291
Relación de par	7041	Tapón	7483
Relación de reducción	7048	Tapón de vaciado	7274
Relación de variación	7046	Tapón fusible	7428
Remache avellanado estriado	7443	Tapón nuclear	7488
Remache redondo estriado	7442	Tapón roscado	7407
Resistencia de calentamiento	7504	Termo resistencia	7505

E

F

Préface

Les associations professionnelles des constructeurs européens d'engrenages et d'éléments de transmission ont fondé en 1967 un Comité dénommé. «Comité Européen des Associations de Constructeurs d'Engrenages et d'Eléments de Transmission», dit EUROTRANS.

Ce Comité a pour but:

a) d'étudier les problèmes économiques et techniques communs à leur profession;
b) de défendre leurs intérêts communautaires à l'égard des organisations internationales;
c) de promouvoir la profession sur le plan international.

Le Comité constitue une association de fait, sans personnalité juridique ni but lucratif.

Les associations membres d'EUROTRANS:

Fachgemeinschaft Antriebstechnik im VDMA
Lyoner Straße 18, D-6000 Frankfurt/Main 71,

Servicio Tecnico Comercial de Constructores de Bienes de Equipo (SERCOBE) –
Grupo de Transmision Mecanica
Jorge Juan, 47, E-Madrid-1,

SYNECOT – Syndicat National des Fabricants d'Engrenages et Constructeurs d'Organes de Transmission
162, Boulevard Malesherbes, F-75017 Paris,

FABRIMETAL – groupe 11/1 Section «Engrenages, appareils et organes de transmission»
21 rue des Drapiers, B-1050 Bruxelles,

BGMA – British Gear Manufacturers Association
P.O. Box 121, The Fountain Centre, GB-Sheffield S 1 3 AF,

ASSIOT – Associazione Italiana Costruttori Organi di Trasmissione e Ingranaggi
Via Moscova 46/5, I-20121 Milano,

FME – Federatie Metaal-en Elektrotechnische Industrie
Postbus 190, NL-2700 AD Zoetermeer,

Sveriges Mekanförbund
Storgatan 19, S-11485 Stockholm,

Suomen Metalliteollisuuden Keskusliitto, Voimansiirtoryhmä
Eteläranta 10, SF-00130 Helsinki 13.

EUROTRANS est heureux de présenter avec cette publication le troisième dictionnaire d'un ouvrage en cinq volumes et huit langues, consacré aux termes d'engrenages et d'éléments de transmission.

Ce dictionnaire a été élaboré par un groupe de travail d'EUROTRANS en collaboration avec des ingénieurs et traducteurs d'Allemagne, d'Espagne, de France, d'Angleterre, d'Italie, des Pays-Bas, de Belgique, de Suède et de Finlande. Il contribuera à faciliter l'échange réciproque d'informations et permettra aux hommes de métier appelés à des tâches semblables dans leurs pays respectifs de mieux se comprendre, donc de mieux se connaître.

F

Introduction

Le présent ouvrage est composé de la manière suivante:

Huit tableaux alphabétiques complétés des synonymes dans les langues suivantes: allemande, espagnole, française, anglaise, néerlandaise, italienne, suédoise et finnoise.

Les dessins du glossaire précédent les termes normalisés dans les huit langues. Le numéro de code de chaque ensemble est inscrit en tête de la rubrique.

Connaissant un terme dans l'une des langues du glossaire, il suffit de consulter l'index de la langue de ce terme, de relever le numéro inscrit à la suite et de rechercher la ligne correspondante du tableau synoptique afin d'y trouver le dessin et le terme traduit dans les autres langues différentes.

Il arrive parfois que le terme cherché soit marqué d'un astérisque; cela signifie qu'il s'agit d'un synonyme.

Exemple: «Variateur à friction à billes et plateaux»

Dans l'index ce terme est marqué du numéro 7009 sous lequel on trouve dans le glossaire le dessin et le terme standardisé traduit en

allemand	– Kugelscheiben-Getriebe
espagnol	– Variador de fricción de bolas y discos cilíndricos
français	– Variateur à friction à billes et plateaux
anglais	– Ball and disc variable speed drive
italien	– Variatore a sfere e dischi
néerlandaise	– Kogelvariator met schijven
suédois	– Kulskivevariator
finnois	– Kuula-levyvariaattori

Les termes relatifs aux engrenages se trouvent dans le volume 1, ceux concernant les ensembles montés à base d'engrenages et parties constitutives dans le volume 2.

Tableaux alphabétiques complétés des synonymes

Synonymes = *

F

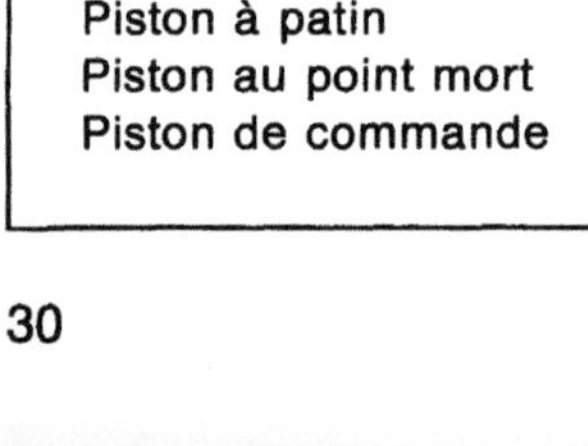

F

F

Preface

The European professional Association of gear and transmission element manufacturers have in 1967 founded a committee named "The European Committee of Associations of Gear and Transmission Element Manufacturers" designated EUROTRANS. The objectives of this committee are:

a) The study of economic and technical problems common to the profession;
b) to represent their common interests in negotiations with international organisations;
c) to promote the profession at international level.

The Committee constitutes an association with neither legal standing nor economic goal.

The member associations of EUROTRANS are:

Fachgemeinschaft Antriebstechnik im VDMA
Lyoner Straße 18, D-6000 Frankfurt/Main 71,

Servicio Tecnico Comercial de Constructores de Bienes de Equipo (SERCOBE) –
Grupo de Transmision Mecanica
Jorge Juan, 47, E-Madrid-1,

SYNECOT – Syndicat National des Fabricants d'Engrenages et Constructeurs d'Organes de Transmission
162, Boulevard Malesherbes, F-75017 Paris,

FABRIMETAL – groupe 11/1 Section „Engrenages, appareils et organes de transmission"
21 rue des Drapiers, B-1050 Bruxelles,

BGMA – British Gear Manufacturers Association
P.O. Box 121, The Fountain Centre, GB-Sheffield S 1 3 AF,

ASSIOT – Associazione Italiana Costruttori Organi di Trasmissione e Ingranaggi
Via Moscova 46/5, I-20121 Milano,

FME – Federatie Metaal-en Elektrotechnische Industrie
Postbus 190, NL-2700 AD Zoetermeer,

Sveriges Mekanförbund
Storgatan 19, S-11485 Stockholm,

Suomen Metalliteollisuuden Keskusliitto, Voimansiirtoryhmä
Eteläranta 10, SF-00130 Helsinki 13.

GB

EUROTRANS with this publication is, pleased to present the third volume of a set of five, comprising a glossary in eight languages, of terms of gearing and transmission elements.

This glossary has been prepared by a EUROTRANS working group in collaboration with German, Spanish, French, English, Italian, Dutch, Belgian, Swedish and Finnish engineers and translators. It will facilitate reciprocal exchange of information and enable people of the profession and similar fields in their respective countries to better understand and know each other.

GB

Introduction

This glossary is divided into two parts:

The first part consists of alphabetical indices including synonyms in eight languages (German, Spanish, French, Italian, English, Netherlands, Swedish and Finnish).

In the glossary the drawing is followed by the standard terms of the eight different languages. The code-number is shown at the beginning of each item.

Given a term in one of the eight languages set out in the dictionary it is only necessary to consult the index in that language, in order to ascertain the number(s) shown against it, thus enabling the corresponding entry, or entries, in the general list and therefore the appropriate translation into any of the other seven languages, to be found.

The same procedure is followed for terms marked with an asterisk.

In certain cases several numbers are shown in the indices for one and the same term; this indicates that there are several possible translations, or that the word is contained in a number of expressions which modify its meaning.

Example: "Ball and disc variable speed drive"

Look for the term in the English alphabetical index. With the term will be found the No 7009

Under No 7009 in the general list, the term in the following languages will be found:

German	– Kugelscheiben-Getriebe
Spanish	– Variador de fricción de bolas y discos cilíndricos
French	– Variateur à friction à billes et plateaux
English	– Ball and disc variable speed drive
Italian	– Variatore a sfere e dischi
Netherlands	– Kogelvariator met schijven
Schwedish	– Kulskivevariator
Finnish	– Kuula-levyvariaattori

Terminology for gears can be found in volume 1. Terminology for gear units and their components can be found in volume 2.

GB

Alphabetical index including synonyms

Synonyms = *

Converter housing	7383
Converter shell	7292
Cooling flow	7508
Core plug	7488
Counter weight	7226
Coupling	7271
Crank	7257
Cranked link	7220
Crosshead	7255
Crosshead guide rod	7249
Curve	7251
Cylinder	7350
Cylinder assembly	7355
Cylinder block	7349
Cylinder block spring	7352
Cylinder bottom	7351
Cylinder cover	7353
Cylinder liner	7326
Cylinder wall	7327
Cylindrical roller	7541
Cylindrical roller chain	7187
Cylindrical wheel shaft	7107

Damper	7230
Deflector	7368
Design	7051
Dial indicator	7411
Diffuser	7366
Disc	7129
Disc with conical rim	7128
Disc spring	7433
Disc spring pack	7434
Disc and sliding driven roller variable speed drive	7023
Dismantling instructions	7070
Distance piece	7133
Distance ring	7131
Distributing plate	7308
Distribution tube	7309
Double adjustable pulley – fixed centre distance	7016
Double adjustable pulley asymmetrical 'V' belt variable speed drive	7019
Double belt-variator with two fixed pulleys	7017
Double cone and flat belt variable speed drive	7026
Double cone and ring variable speed drive	7005
Double cone and roller variable speed drive	7025
Double male connector	7482
Double roller and friction disc variable speed drive	7004

Dowel pin	7445
Drive pin	7236
Drive regulator	7270
Driver	7235
Driven pulley	7160
Driving element	7175
Driving pulley	7159
Duct	7340
Dynamic viscosity	7501

Eccentric	7250
Elbow	7484
Electrical control device	7150.1
Electric control plate	7314
Electrical wiring diagram	7060
Electro-hydraulic adjustment device	7266
End cap	7388
End cap	7450
End cover	7392
End plate	7127
Expander	7223
Extension	7200

Fan cover	7512
Fan wheel	7510
Filler and breather filter	7460
Filler pipe	7311
Filler ring	7274
Fitted pin	7446
Fixed cone	7163
Flange mounting housing	7386
Flat belt	7177
Flexible pipe	7480
Flexible pipe connection	7481
Foot	7396
Foot mounting housing	7387
Fork	7210
Four lobe cylinder seal	7467
Friction wheel	7172
Fusible plug	7428

Gasket	7462
Gear case	7370
Gear pump housing	7378
Gland packing	7478
Glide piece	7229
Grooved countersunk rivet	7443
Grub screw	7401
Guide	7238
Guide blade control mechanism	7290
Guide bush	7239
Guiding piece	7240

GB

Piston ring	7330
Piston rod	7329
Pivot	7212
Planetary disc and ring variable speed drive	7006
Planetary gear case	7373
Plate	7075
Plug	7483
Pneumatic control device	7150.4
Precision adjustment device	7265
Preloading nut	7416
Pressure	7045
Pressure accumulator	7319
Pressure box	7390
Pressure device	7191.0
Pressure device depending on torque and variator ratio	7191.3
Pressure sensor	7219
Pressure overlap	7364
Pressure ring	7196
Pulley surface curvature	7167
Pump housing	7377
Pump shaft	7105
Pump support (carrier)	7300
Pump wheel hub	7301
Push button	7213
Radial force	7044
Radial guide wheel	7286
Radially grooved cone pulley	7166
Radially grooved pulley cones	7156
Radial piston hydraulic variable speed drive	7028
Radial seal	7464
Ratio dependent pressure device	7191.2
Readjustment nut	7417
Refrigerant	7509
Regulator	7267
Regulation nut	7419
Regulating unit	7333
Regulator zero re-set	7335
Remote adjustment device	7153
Remote control device	7152
Remote control hydrostatic variable speed drive	7037
Retainer	7122
Retaining plate	7244
Retaining spring	7245
Right hand	7064
Right hand thread	7066
Ring pipe cooler	7507
Ring and roller variable speed drive	7014
Ring roller chain	7189
Rivet pin	7447

Rocker	7218
Rod with ball end	7254
Rod with eye end	7253
Roller	7205
Roller and disc variable speed drive	7003
Roll pin	7444
Rotary axial piston hydraulic variable speed drive with planetary reducer	7030
Rotary distribution valve	7360
Rotary shaft seal	7471
Rotor	7302
Rotor	7339
Rotor disc	7305
Scale	7413
Scoop tube	7307
Scoop tube housing	7306
Screw connection	7400
Screwed T-socket	7486
Seal assembly	7473
Seal packing	7470
Sealing ring	7453
Sealing nut	7421
Seal spring	7476
Seal washer	7474
Sectional drawing	7062
Servo-carrier	7345
Servo cylinder	7346
Servo-motor	7151
Servo-piston	7348
Servo-sleeve	7347
Shafts	7100
Shaft seal	7466
Sheet metal	7074
Shell	7293
Shift piece	7214
Shim	7130
Shouldered bush	7135
Side wall	7394
Sieve strainer	7458
Single acting electromagnet	7336
Single spring loaded pulley-variable centre distance	7015
Sintered bearing	7521
Size	7052
Slide ring retainers	7248
Slide ring set	7247
Sliding bush	7530
Sliding carriage	7211
Sliding cone	7164
Sliding cone and sliding driven roller variable speed drive	7024
Sliding ring	7531

GB

GB

Prefazione

Le Associazioni professionali dei costruttori europei d'ingranaggi e di organi di trasmissione hanno fondato nel 1967 un Comitato denominato: "Comitato Europeo delle Associazioni dei Costruttori di Ingranaggi e di Organi di Trasmissione", chiamato EUROTRANS.

Questo Comitato ha come obbiettivo:

a) di studiare i problemi economici e tecnici comuni alla categoria
b) di difendere gli interessi comunitari nell'ambito delle organizzazioni internazionali
c) di svolgere un'azione promozionale, per la categoria, su un piano internazionale

Il Comitato costituisce un'Associazione di fatto, senza personalità giuridica nè fine lucrativo.

Sono Membri dell'EUROTRANS le Associazioni:

Fachgemeinschaft Antriebstechnik im VDMA
Lyoner Straße 18, D-6000 Frankfurt/Main 71,

Servicio Tecnico Comercial de Constructores de Bienes de Equipo (SERCOBE) –
Grupo de Transmision Mecanica
Jorge Juan, 47, E-Madrid-1,

SYNECOT – Syndicat National des Fabricants d'Engrenages et Constructeurs d'Organes de Transmission
162, Boulevard Malesherbes, F-75017 Paris,

FABRIMETAL – groupe 11/1 Section ,,Engrenages, appareils et organes de transmission"
21 rue des Drapiers, B-1050 Bruxelles,

BGMA – British Gear Manufacturers Association
P.O. Box 121, The Fountain Centre, GB-Sheffield S 1 3 AF,

ASSIOT – Associazione Italiana Costruttori Organi di Trasmissione e Ingranaggi
Via Moscova 46/5, I-20121 Milano,

FME – Federatie Metaal-en Elektrotechnische Industrie
Postbus 190, NL-2700 AD Zoetermeer,

Sveriges Mekanförbund
Storgatan 19, S-11485 Stockholm,

Suomen Metalliteollisuuden Keskusliitto, Voimansiirtoryhmä
Eteläranta 10, SF-00130 Helsinki 13.

L'EUROTRANS è felice di presentare, con questa pubblicazione, il terzo dizionario di una serie di 5 volumi comprendente i termini relativi agli ingranaggi ed agli organi delle trasmissioni, tradotti in otto lingue.

Questo dizionario è stato elaborato da un gruppo di lavoro dell'EUROTRANS in collaborazione con i tecnici ed i traduttori della Germania, della Spagna, della Francia, dell'Inghilterra, dell'Italia, dei Paesi Bassi, del Belgio, della Svezia, della Finlandia. Esso contribuirà a facilitare lo scambio reciproco d'informazioni e permetterà ai tecnici di questo settore, chiamati a compiti simili nei loro rispettivi paesi di comprendersi meglio e quindi di conoscersi tra loro.

I

Introduzione

Il presente lavoro si compone di:

otto tabelle in ordine alfabetico completate dai sinonimi nelle seguenti lingue:
tedesco – spagnolo – francese – inglese – italiano – olandese – svedese – finlandese.

Nel glossario il disegno è seguito dai termini normalizzati in otto diverse lingue.
Il numero è indicato all' inizio di ogni rubrica.

Dato un termine in una delle lingue del Glossario, è sufficiente consultare l'indice
nella lingua di questo termine, rilevare il numero scritto a fianco di detto termine
e cercare la linea corrispondente nel quadro sinottico al fine di trovare il disegno
ed i termini tradotti nelle differenti lingue.

Può accadere in alcuni casi che il termine cercato sia contraddistinto da un
asterisco, ciò significa che si tratta di un sinonimo.

Esempio: "Variatore a sfere e dischi"

Nell'indice questo termine è contraddistinto dal numero 7009 a fianco del quale si
troverà nel Glossario il disegno e il termine tradotto in:

Tedesco	– Kugelscheiben-Getriebe
Spagnolo	– Variador de fricción de bolas y discos cilíndricos
Francese	– Variateur à friction à billes et plateaux
Inglese	– Ball and disc variable speed drive
Italiano	– Variatore a sfere e dischi
Olandese	– Kogelvariator met schijven
Svedese	– Kulskivevariator
Finlandese	– Kuula-levyvariaattori

Le definizioni sugli ingranaggi sono contenute nel volume 1. Le definizioni sui
riduttori e i loro componenti sono contenute nel volume 2.

I

Voorwoord

De Beroepsverenigingen van Europese fabrikanten van tandwielen en transmis-
sie-organen hebben in 1967 een Komitee opgericht genaamd "Europees Komitee
van Verenigingen van Fabrikanten van Tandwielen en Transmissie-organen", in
't kort "EUROTRANS".

Dit Komitee heeft tot doel:

a) de gemeenschappelijke technico-commerciële vakproblemen te bestuderen;
b) de gemeenschappelijke belangen bij internationale organizaties te behartigen;
c) het specifieke vak op internationaal vlak te bevorderen.

Het Komitee is een feitelijke vereniging, zonder rechtspersoonlijkheid noch win-
stoogmerk.

Volgende verenigingen zijn lid van EUROTRANS:

Fachgemeinschaft Antriebstechnik im VDMA
Lyoner Straße 18, D-6000 Frankfurt/Main 71,

Servicio Tecnico Comercial de Constructores de Bienes de Equipo (SERCOBE) –
Grupo de Transmision Mecanica
Jorge Juan, 47, E-Madrid-1,

SYNECOT – Syndicat National des Fabricants d'Engrenages et Constructeurs
d'Organes de Transmission
162, Boulevard Malesherbes, F-75017 Paris,

FABRIMETAL – groep 11/1 "Tandwielen, transmissie-organen"
Lakenweversstraat 21, B-1050 Brussel,

BGMA – British Gear Manufacturers Association
P.O. Box 121, The Fountain Centre, GB-Sheffield S 1 3 AF,

ASSIOT – Associazione Italiana Costruttori Organi di Trasmissione e Ingranaggi
Via Moscova 46/5, I-20121 Milano,

FME – Federatie Metaal-en Elektrotechnische Industrie
Postbus 190, NL-2700 AD Zoetermeer,

Sveriges Mekanförbund
Storgatan 19, S-11485 Stockholm,

Suomen Metalliteollisuuden Keskusliitto, Voimansiirtoryhmä
Eteläranta 10, SF-00130 Helsinki 13.

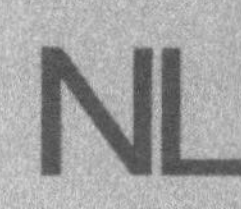

Het verheugt EUROTRANS met deze publikatie een derde deel van een vijfdelig glossarium in acht talen (Duits, Spaans, Frans, Engels, Italiaans, Nederlands, Zweeds en Fins) i.v.m. de terminologie over tandwielen, tandwielkasten en transmissie-organen ter beschikking te kunnen stellen.

Het tweede deel van dit glossarium werd samengesteld door een werkgroep van EUROTRANS, met de medewerking van ingenieurs en vertalers uit Duitsland, Spanje, Frankrijk, Groot-Brittannië, Italië, Nederland, België, Zweden en Finland. Het zal ertoe bijdragen de uitwisseling van informatie te vergemakkelijken, en zal de vaklui, die zich met gelijkaardige taken in hun respektieve landen bezighouden, helpen elkaar beter te verstaan en beter te leren kennen.

Inleiding

Het onderhaving dokument bestaat uit:

acht alfabetische ééntalige trefwoordenlijsten aangevuld met synoniemen in het Duits, Spaans, Frans, Engels, Italiaans, Nederlands, Zweeds en Fins.

In elk vak bevinden zich, naast de tekening, de termen in deze acht talen. Elk vak begint met een rangnummer.

Wanneer men een term kent in één van de talen van het glossarium, kan men volstaan met de trefwoordenlijst te raadplegen in de betreffende taal en het nummer te noteren dat ernaast vermeld staat. Aan de hand van dit nummer zoekt men de overeenkomstige lijn in de synoptische tabel en zo vindt men de tekening en het ekwivalent van de term in de verschillende talen.

Men gaat op dezelfde wijze te werk bij synoniemen die met een asterisk aangeduid zijn. Indien bij een bepaald woord meer dan één nummer staat, dan kieze men het ekwivalent dat in het zinsverband past.

Voorbeeld: "Kogelvariator met schijven"

Zoek deze term in de Nederlandse trefwoordenlijst. Uvindt het nummer 7009

Zoek dit nummer in het glossarium: na de desbetreffende tekening vindt U als ekwivalent:

Duits	— Kugelscheiben-Getriebe
Spaans	— Variador de fricción de bolas y discos cilíndricos
Frans	— Variateur à friction à billes et plateaux
Engels	— Ball and disc variable speed drive
Italiaans	— Variatore a sfere e dischi
Nederlands	— Kogelvariator met schijven
Zweeds	— Kulskivevariator
Fins	— Kuula-levyvariaattori

De trefwoordenlijst van tandwielen is terug te vinden in deel 1, en de termen over tandwielkasten en komponenten in deel 2.

Trefwoordenlijst aangevuld met synoniemen

Synoniemen = *

Draagstuk tap	7212
Drager	7202
Drager van het bedienings-automaat	7345
Druk	7045
Drukkamer	7319, 7390
Drukknop	7213
Drukring	7120
Drukschijf	7318
Druktaster	7219
Drukvat*	7319, 7390
Drukveer	7431
Dubbelkonische rolvariator met ring*	7005
Dubbel verbindingstuk	7487
Dubbelwerkende kegel-riemvariator	7026
Dubbelwerkende kegelrolvariator	7025
Dubbelwerkende riemvariator (vaste hartafstand)	7016
Dubbelwerkende riemvariator met assymetrische riem	7019
Dubbelwerkende riemvariator met twee vaste schijven	7017
Duwstang	7362
Dwangstuk*	7240
Dynamische viskositeit	7501
Eenvoudig hefmagneet	7336
Elektrisch bedieningspaneel	7414
Elektrisch regelmechanisme	7150.1
Elektrisch schakelschema	7060
Elektro-hydraulische afstelling	7266
Elleboog	7484
Enkelwerkende riemvariator (veranderlijke hartafstand)	7015
Excentriek	7250
Expansiestuk	7223
Fijn afstellingsmechanisme	7265
Firmaplaat	7054
Flens voor turbinewiel	7283
Gedreven kegel	7171
Gedreven schijf	7160
Gedreven schijf*	7169
Gegroefde bus	7222
Geharde schijf	7134
Geleiding	7238
Geleiding van glijschoen	7242
Geleidingsbus	7239
Geleidingstuk	7240
Geleidingswieldrager	7288

Gesinterd lager	7521
Glijblok	7229
Glijbus	7531
Glijlagerbus	7529
Glijring	7531
Glijringafdichting	7471
Glijringhouder	7248
Glijringset	7247
Glijschoenhouder	7244
Glijschoenhouderveer	7245
Glijsteen	7246
Grendelknop	7261
Grootte	7052
Haaks stelstuk	7256
Handvat	7263
Handwiel	7260
Handwielinstelling	7264
Hefboom	7252
Hefmagneet (eenvoudig)*	7336
Hellende ring	7273
Hellingsstuk	7221
Hoedmoffel	7475
Huis	7382
Huis met flensbevestiging	7386
Huis met voetbevestiging	7387
Huis van het afstelmechanisme	7385
Huis van omvormer	7383
Huis van satelieten	7373
Huisdeksel	7391
Huisdichting	7472
Huisontluchting	7398
Huissektie*	7372
Huizenstel	7381
Hydraulisch bedieningspaneel	7315
Hydraulisch regelmechanisme	7150.2
Hydraulisch schakelschema	7061
Hydraulische accumulator	7455
Hydraulische variator met axiale plunjers	7027
Hydraulische variator met radiale plunjers	7028
Hydraulische variator met schotten	7029
Hydraulische variator met axiale plunjerblokken	7030
Hydrostatisch aandrijfsysteem met afstandbediening	7037
Inbouwset van blokcilinder	7355
Ingangskegel	7170
Ingangsloopring	7125
Ingangsschijf	7168
Ingangszijde	7049

NL

O-ring	7453
Oliebakje*	7454
Olienevelsmering	7451
Oliepan	7454
Oliepeilaanwijzer	7461
Oliestroombuis	7479
Oliestroompijp*	7479
Omvormerdeksel	7397
Omvormerschelp	7292
Onbewerkt deel*	7058
Onbewerkt stuk	7058
Ontluchtingsfilter	7459
Ontluchtingsschroef	7399
Opsluitschijf	7127
Opwarmpatroon	7505
Overlappingsdruk	7364

Paspen	7446
Pen	7445
Pijpfilter	7457
Pijpmoer	7415
Pin	7445
Plaat	7075
Planetaire kogelvariator met ringen	7011
Planetaire wielvariator	7013
Planetaire wrijvingswielvariator met kegelschijven en ring	7006
Platte riem	7177
Plunjer	7324
Plunjer in het nulpunt (van de slag)	7337
Plunjer met glijschoen	7243
Plunjerbus*	7326
Plunjerkruiskop	7255
Plunjermantel	7325
Plunjerring	7330
Plunjerstang	7229
Plunjervoering	7326
Plunjervulling*	7328
Plunjerwand*	7327
Pneumatisch stelmechanisme	7150.4
Pomp-as	7105
Pompdrager	7300
Pompmantel	7377
Pompwiel	7299

Radiaal geleidingswiel	7286
Radiaalkracht	7044
Radiale afdichtring	7464
Rechts	7064
Rechtse schroefdraad	7066
Regel-as	7101
Regelaar	7267

Regelbare aandrijvingen*	7000
Regelbare cilinder	7322
Regelbare geleidingsschoepen	7289
Regelbare inwendige schijf	7157
Regelbare omvormer	7034
Regelbare rondselas	7102
Regelbare uitwendige schijf	7158
Regelbereik	7046
Regelelement	7333
Regeling van de geleidings- schoepen	7290
Regelknop	7259
Regelmechanisme	7150.0
Regelmechanisme door regelschijven	7018
Regelmotor	7151
Regelorgaan*	7333
Regelvariator met kegelschijven	7018
Remplunjer	7356
Remventiel	7357
Riem	7176
Riemschijf	7161
Ringkoeler	7507
Ringrollenketting	7189
Rol	7205
Rotor	7339

SAE-montage flensblok	7363
Schaal	7413
Schakelaar met vlotter*	7312
Schakelbare koppeling	7272
Schakelstuk	7214
Scharnierbout*	7254
Scharnierend stangoog	7253
Scharnierstuk	7220
Scheidingswand	7395
Schelp	7293
Schepbuismantel	7306
Schephuis	7307
Schijf	7129
Schijf-rolvariator	7023
Schijfveer	7433
Schijfverenkooi	7434
Schoep	7297
Schoepenwiel	7298
Schouderring	7124
Schouwerbus	7135
Schroefdop	7407
Schroefring	7118
Schroefspil	7408
Schroefstift	7401
Schroefverbinding	7400
Schuif	7359
Servocilinder	7346
Servohuis	7347

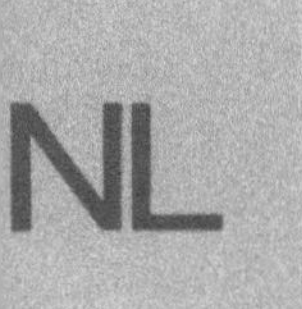

NL

Veer	7430	Vlotterschakelaar	7312
Veerhouder	7216	Voet	7396
Veermantel	7376	Voorspanner	7416
Veerschotel	7217	Vork	7120
Veiligheidsschroef	7427	Vouwbalg	7228
Ventielblok	7344	Vul- en verluchtingsfilter	7460
Ventielplaat	7342	Vulbuis	7311
Ventilatierooster	7513	Vullingspomp	7310
Ventilatiewiel	7510	Vulstuk	7274
Ventilatieschacht	7512		
Verbindingsstang	7258		
Verbindingsstuk	7183, 7208	Warmtespiraal	7504
Verdeelbuis	7309	Warmtewisselaar	7506
Verdeelplaat	7308	Wiegketting	7188
Verdeelventiel	7343	Wijzer	7412
Verlenging	7200	Wijzer-as	7104
Verloophuls	7485	Wisselfilter	7456
Verstelbaar blok*	7199	Wrijvingsvariator met kegel	
Verstelbaar onderdeel	7203	-schijven en stalen ring	7007
Verstelblok	7199	Wrijvingswiel	7172
Verstrooier	7366		
Vertande kegelschijf	7166		
Vertande riem	7181	Zeef	7458
Verwarming	7503	Zelfklevend etiket	7055
Verwarmingspatroon*	7505	Zijwand	7394
Vierlobbige dichting	7467	Zuiger*	7324
Vlakke afdichting	7470	Zuigerkruiskop*	7255

Förord

De europeiska kuggväxel och transmissionsdelstillverkarnas fackförbund grundade år 1967 en kommitté under namnet "Den europeiska fackförbundskomitten för kuggväxel och transmissionsdelstillverkare", kort kallad EUROTRANS.

Kommittén har som uppgift:

a) att studera gemensamma ekonomiska och tekniska fackproblem
b) att företräda gemensamma intressen gentemot internationella organisationer
c) att befrämja fackområdet på ett internationellt plan

Kommittén är en sammanslutning utan juridisk person och utan avseende på vinst.

Medlemsförbunden inom EUROTRANS är:

Fachgemeinschaft Antriebstechnik im VDMA
Lyoner Straße 18, D-6000 Frankfurt/Main 71,

Servicio Tecnico Comercial de Constructores de Bienes de Equipo (SERCOBE) –
Grupo de Transmision Mecanica
Jorge Juan, 47, E-Madrid-1,

SYNECOT – Syndicat National des Fabricants d'Engrenages et Constructeurs
d'Organes de Transmission
162, Boulevard Malesherbes, F-75017 Paris,

FABRIMETAL – groep 11/1 "Tandwielen, transmissie-organen"
Lakenweversstraat 21, B-1050 Brussel,

BGMA – British Gear Manufacturers Association
P.O. Box 121, The Fountain Centre, GB-Sheffield S 1 3 AF,

ASSIOT – Associazione Italiana Costruttori Organi di Trasmissione e Ingranaggi
Via Moscova 46/5, I-20121 Milano,

FME – Federatie Metaal-en Elektrotechnische Industrie
Postbus 190, NL-2700 AD Zoetermeer,

Sveriges Mekanförbund
Storgatan 19, S-11485 Stockholm,

Suomen Metalliteollisuuden Keskusliitto, Voimansiirtoryhmä
Eteläranta 10, SF-00130 Helsinki 13.

EUROTRANS har med detta verk nöjet att presentera den tredje delen i en ord-
boksserie om sammanlagt fem band på åtta språk (tyska, spanska, franska, en-
gelska, italienska, holländska, svenska och finska) ägnade åt kugghjul, växlar och
transmissionselement.
Detta band har utarbetats av en arbetsgrupp inom EUROTRANS i samarbete med
ingenjörer och översättare från Tyskland, Spanien, Frankrike, England, Italien,
Holland, Belgien, Sverige och Finland. Det skall underlätta det ömsesidiga inter-
nationella informationsutbytet inom kuggväxelområdet samt erbjuda möjlighet
för personer inom samma fack att bättre förstå och lära känna varandra.

S

Inledning

Föreliggande verk omfattar

åtta alfabetiska register inklusive synonymer på tyska, spanska, franska, engelska, italienska, holländska, svenska och finska;

I ordboken finner man vid bilden av begreppet termen på de åtta språken. Varje bild har sitt kodnummer i kanten.

Om man till ett uppslagsord, som är givet på ett av de åtta språken i ordlistan, söker efter översättningen på något av de andra sju språken, så behöver man endast ta reda på kodnumret i registret. Man finner då översättningen under detta nummer i ordboken.

Samma förfarande gäller synonymer vilka är markerade med en *. Om ett ord har flera nummer i det alfabetiska registret, så får sammanhanget avgöra översättningen.

Exempel: "Kulskivevariator"

Sök upp ordet i det svenska registret och Ni finner nr 7009

Sök nu upp nr 7009 i ordboken och Ni återfinner avbildningen liksom även termen på

tyska	– Kugelscheiben-Getriebe
spanska	– Variador de fricción de bolas y discos cilíndricos
franska	– Variateur à friction à billes et plateaux
engelska	– Ball and disc variable speed drive
italienska	– Variatore a sfere e dischi
holländska	– Kogelvariator met schijven
svenska	– Kulskivevariator
finska	– Kuula-levyvariaattori

Termer för kugghjul återfinnes i band 1 och för kuggväxlar med komponenter i band 2.

S

Alfabetisk ordlista
med synonymer

Synonymer = *

S

Fot	7396	Hydrodynamisk moment-	
Friktionshjul*	7172	omvandlare	7033
Friktionskedjevariator	7020	Hydrodynamisk moment-	
Friktionsskiva*	7172	omvandlare med skovel-	
Friktionsring	7172	reglering	7035
Fyllpump	7310	Hydrodynamisk moment-	
Fyllrör	7311	omvandlare med ringskive-	
Färg	7063	reglering	7036
Fäste	7202	Hydrostatisk drivning	7037
Förbindningslänk	7258	Hylsa	7450
Fördelningsplatta	7308	Hållare	7538
Fördelningsrör	7309	Hållarring	7122
Förlängning	7200	Härdad skiva	7134
Förslitning	7073	Höger	7064
Förslitningsdetalj	7059	Högergänga	7066
Förspänningsmutter	7416	Hölje	7293
Gaffel	7210	Ingående friktionsring	7125
Glandpackning	7478	Ingående konskiva	7170
Glidringstätning	7471	Ingående skiva	7168
Glidblock	7229	Ingångssida	7049
Glidbussning	7530	Inre hölje	7296
Glidringsats	7247	Inre rotor	7203
Glidlagerbussning	7529	Inre variatorskiva	7157
Glidring	7531	Inställningsvisare	7411
Glidringhållare	7248		
Glidskohållare	7244		
Glidskohållarfjäder	7245	Kam	7215
Glidskohållarstyrning	7242	Kanal	7340
Glidsten	7246	Karakteristika	7040
Gängad ring	7118	Kedja	7185
Gängad stång	7408	Kedjehjul	7190
Gängat stift	7401	Kedjespännarskiva	7193
		Kedjesträckaraxel	7103
		Kilrem	7178
Handratt	7260	Kilremsprofil	7182
Handrattinställning	7264	Kilremskiva	7162
Handtag	7263	Kinematisk viskositet	7500
Handtagskula*	7262	Klammer	7183
Hattkrage	7475	Klämanordning*	7204
Hus för flänsmontering	7386	Klämring*	7116
Hus för fotmontering	7387	Klämskruv	7402
Hus för kugghjulspump	7378	Kolv	7324
Hus för styrning	7379	Kolv med glidsko	7243
Hus för ställanordning	7385	Kolvbussning	7326
Husavluftning	7398	Kolvcylinder	7327
Husdel	7372	Kolvfyllning	7328
Huspackning*	7472	Kolvhållare	7325
Hussats	7381	Kolvring	7330
Husstomme	7389	Kolvstång	7329
Hustätning	7472	Konisk kugghjulsaxel	7108
Hydraulisk regleranordning	7150.2	Konisk rulle	7207, 7542
Hydraulisk ackumulator	7455	Konisk räfflad pinne	7441
Hydraulisk styrpanel	7315	Konringsvariator	7001
Hydrauliskt kopplingsschema	7061	Konrullvariator	7024

S

S

Styrpinne	7444
Styrpinne*	7445
Styrplatta	7313
Styrreglering	7270
Styrstycke	7240
Styrtrycksledning	7321
Ställanordning	7333
Ställcylinder	7322
Ställknapp	7259
Ställmotor	7151
Ställmutter	7419
Ställskruv	7403, 7409
Ställskruvmutter	7420
Ställspindel*	7409
Stödring	7117
Stödring för lager	7527
Stötstång	7362
Svängarm*	7237
Svängelement	7231
Svängskiva	7221
Svängtapp	7212
Svängfjäder	7232

Tallriksfjäder	7433
Tallriksfjäderpaket	7434
Tandad konskiva	7166
Termostat	7514
Tillbehör	7057
Torsionsfjäder	7435
Tryck	7045
Tryckackumulator	7319
Tryckfjäder	7431
Tryckhus	7390
Tryckkammare*	7319, 7390
Tryckknapp	7213
Tryckkännare	7219
Tryckmekanism	7191.0
Trycknav	7196
Tryckring	7120
Tryckskiva	7318
Turbin	7280
Turbinaxel	7106
Turbinhjul	7282
Turbinhjulsfläns	7283
Turbinhjulsnav	7284
Tvåstegs konringsvariator	7002
Tvärstycke	7256
Tätlock	7392
Tätningsfjäder	7476
Tätningsmutter	7421
Tätring	7453, 7462
Tätringsats	7473
T-förbindningsstycke	7486

Utförande	7051
Utgående friktionsring	7126
Utgående konskiva	7171
Utgående skiva	7169
Utgångssida	7050
Utväxlingsberoende tryckmekanism	7191.2

Varvtalsförhållande	7048
Ventilblock	7344
Ventilplatta	7342
Vev	7257
Vingpumpsvariator*	7029
Vinkelförbindning	7484
Vinkelskiva	7273
Vippa	7218
Visaraxel	7104
Visare	7412
Viskositet	7500
Vridsäkring	7426
Vridventil*	7360
Vågbultkedja	7188
Vägg	7395
Vägventil	7343
Välvd remskiva	7167
Vänster	7065
Vänstergänga	7067
Värme	7503
Värmepatron	7505
Värmespiral	7504
Värmeväxlare	7506
Växelfilter	7456
Växelhus	7370, 7382
Växelhuslock	7391
V-ring	7469

Ytterrulle	7206
Yttre hus	7388
Yttre hölje	7295
Yttre rotor	7304
Yttre variatorskiva	7158

| Ändskiva | 7127 |

| Överlappande tryck | 7364 |

| 4-kanttätring | 7467 |

S

Esipuhe

Euroopassa toimivat hammasvaihteiden ja voimansiirtoalan muiden laitteiden valmistajien toimialaryhmät perustivat v. 1967 komitean nimeltään "Hammasvaihteiden ja voimansiirtoalan muiden laitteiden valmistajien Euroopankomitea", lyhyesti EUROTRANS.

Tämän komitean tavoitteena on:

a) toimialan yhteisten taloudellisten ja teknisten kysymysten tutkiminen
b) yhteisten etujen valvominen kansainvälisissä organisaatioissa
c) toimialan kehittäminen kansainvälisellä tasolla

EUROTRANS-komitea ei ole oikeuskelpoinen eikä toimi ansiotarkoituksessa.

EUROTRANSin jäsenyhdistykset ovat:

Fachgemeinschaft Antriebstechnik im VDMA
Lyoner Straße 18, D-6000 Frankfurt/Main 71,

Servicio Tecnico Comercial de Constructores de Bienes de Equipo (SERCOBE) –
Grupo de Transmision Mecanica
Jorge Juan, 47, E-Madrid-1,

SYNECOT – Syndicat National des Fabricants d'Engrenages et Constructeurs d'Organes de Transmission
162, Boulevard Malesherbes, F-75017 Paris,

FABRIMETAL – groep 11/1 "Tandwielen, transmissie-organen"
Lakenweversstraat 21, B-1050 Brussel,

BGMA – British Gear Manufacturers Association
P.O. Box 121, The Fountain Centre, GB-Sheffield S 1 3 AF,

ASSIOT – Associazione Italiana Costruttori Organi di Trasmissione e Ingranaggi
Via Moscova 46/5, I-20121 Milano,

FME – Federatie Metaal-en Elektrotechnische Industrie
Postbus 190, NL-2700 AD Zoetermeer,

Sveriges Mekanförbund
Storgatan 19, S-11485 Stockholm,

Suomen Metalliteollisuuden Keskusliitto, Voimansiirtoryhmä
Eteläranta 10, SF-00130 Helsinki 13.

EUROTRANS on nyt saanut valmiiksi kolmannen osan viisiosaisesta kahdeksankielisestä (saksa, espanja, ranska, englanti, italia, hollanti, ruotsi ja suomi) hammaspyöriä, hammasvaihteita ja muita voimansiirtolaitteita koskevasta sanakirjasta.

Tämän sanakirjan on laatinut EUROTRANS-työryhmä. Työryhmän ovat muodostaneet edustajat Saksasta, Espanjasta, Ranskasta, Englannista, Italiasta, Hollannista, Belgiasta, Ruotsista ja Suomesta. Kirja tulee helpottamaan keskinäistä kansainvälistä kanssakäyntiä hammaspyöräalalla ja tarjoamaan kaikissa näissä maissa alalla toimiville, samanlaisia tehtäviä hoitaville henkilöille mahdollisuuden oppia ymmärtämään toisiaan paremmin.

SF

Johdanto

Tämä sanakirja on jaettu kahteen osaan:

Ensimmäisessä osassa on termien aakkosellinen hakemisto, myös synonyymit, kahdeksalla kielellä (saksa, espanja, ranska, englanti, italia, hollanti, ruotsi ja suomi).

Sanakirjassa on jokaisen kuvan jälkeen termi kahdeksalla kielellä. Jokainen otsake alkaa koodinumerolla.

Etsittäessä jollekin hakusanalle vastinetta muilla sanakirjan kielillä katsotaan hakusanan koodinumero kyseisestä hakemistosta. Tämän numeron avulla löytyy käännös sanastosta.

Sama menettelytapa pätee synonyymeihin, jotka on merkitty tähdellä *. Jos jonkin sanan kohdalla aakkosellisessa hakemistossa on useampia numeroita, se käännetään eri tavoin asiayhteydestä riippuen.

Esimerkki: "Kuula-levyvariaattori"

Etsitään sana suomalaisesta hakemistosta. Sanan jälkeen on merkitty koodinumero 7009

Nyt etsitään sanastosta numero 7009. Kuvan jälkeen ovat termit:

saksaksi	– Kugelscheiben-Getriebe
espanjaksi	– Variador de fricción de bolas y discos cilíndricos
ranskaksi	– Variateur à friction à billes et plateaux
englanniksi	– Ball and disc variable speed drive
italiaksi	– Variatore a sfere e dischi
hollanniksi	– Kogelvariator met schijven
ruotsiksi	– Kulskivevariator
suomeksi	– Kuula-levyvariaattori

Osassa 1 ovat hammaspyörien termit. Osassa 2 ovat hammasvaihteiden termit komponentteineen.

Termien aakkosellinen hakemisto – vakiotermit ja niiden synonyymit

Synonyymit on merkitty tähdellä = *

Aihio	7058	
Ajoautomatiikka	7268	
Ajomodulaattori	7269	
Ajosäädin	7270	
Akku, paine-	7319, 7455	
Akseli	7109	
Akseli, pumpun	7105	
Akseli, osoitin-	7104	
Akseli, säätö-	7101	
Akseli, turpiinin	7106	
Akselit	7100	
Akselitiiviste	7466	
Aksiaalijohtopyörä	7285	
Aksiaalimäntä-planeettavariaattori	7030	
Aksiaalimäntävariaattori	7027	
Aksiaalitiiviste	7463	
Aksiaaliturpiini	7281	
Aksiaalivoima	7043	
Allas, öljy-	7454	
Alue, säätö-	7046	
Aluslevy, jousen	7217	
Aluslevy, ohjaus-	7113	
Aluslevy, paine-	7318	
Ammennusputken kotelo	7306	
Ammennusputki	7307	
Anturi, paine-	7219	
Asennon osoitin	7411	
Asennus	7056	
Asennusasento, asennustapa	7053.2	
Asennusohje	7069	
Asennussarja, sylinterin	7355	
Asennustapa, asennusasento	7053.2	
Asettelukara	7409	
Asetusmutteri	7417	
Asetusruuvi	7403	
Asetusruuvi, siirtotangon	7406	
Askelvariaattori	7022	
Asteikko	7413	
Automaattiikka, ajo-	7268	
Dynaaminen viskositeetti	7501	
Elementti, kuumennus-	7505	
Elementti, värähdys-	7231	
Elin, vetävä	7175	
Ensiökartio	7170	
Ensiökiekko	7168	

Ensiökitkarengas	7125	
Ensiöpuoli	7049	
Epäkesko	7250	
Esijännitysruuvi	7405	
Esikuormitusmutteri	7416	
Haarukka	7210	
Hajoitin	7366	
Hammasakseli, kartio-	7108	
Hammasakseli, lieriö-	7107	
Hammasakseli, säätö-	7102	
Hammashihna	7181	
Hammaspyöräkotelo	7370	
Hammaspyöräpumpun kotelo	7378	
Hammastettu kartiokiekko	7166	
Hammasvaihteen kotelo	7382	
Hana	7490	
Hattukaulustiiviste	7475	
Heittorengas, öljyn	7452	
Hienosäätölaite	7265	
Hihna	7176	
Hihna, hammas-	7181	
Hihna, kiila-	7178	
Hihna, latta-	7177	
Hihnapyörä	7161	
Hihnapyörä, kiila-	7162	
Hihnavariaattori (kiinteä akseliväli)	7016	
Hihnavariaattori (muuttuva akseliväli)	7015	
Hihnavariaattori, latta-, kaksoiskartiopyörä-	7026	
Hihnavariaattori-epäsymmetrinen hihna	7019	
Holkki, liitos-	7135	
Holkki, liuku-	7530	
Holkki, liukulaakeri-	7529	
Holkki, männän	7326	
Holkki, neula-	7536	
Holkki, ohjaus-	7112, 7239	
Holkki, poksitiivisteen	7477	
Holkki, servo-	7347	
Holkki, ura-	7222	
Holkki, väli-	7132	
Huohotinruuvi	7399	
Huohotin, kotelon	7398	
Huulitiiviste	7468	
Hydraulikytkin, säädettävä (keskipakosäätö)	7031	

SF

Ketjujen kiristysakseli	7103	Kotelo, pääty-	7388
Ketjun kiristyslevy	7193	Kotelo, spiraalimainen	7380
Ketjupyörä	7190	Kotelo, spiraalin	7375
Kiekko, ensiö-	7168	Kotelo, säätö-	7385
Kiekko, hammastettu, kartio-	7166	Kotelo, väli-	7371
Kiekko, kartio-	7165	Kotelon huohotin	7398
Kiekko, kiilahihna-, pallomainen	7167	Kotelon osa	7372
Kiekko, kiinteä	7163	Kotelon tiiviste	7472
Kiekko 4, siirtyvä	7164	Kotelosarja	7381
Kiekko, toisio-	7169	Koukku, kiristys-	7197
Kiekkopari, kartio-	7156	Kulmakappale	7484
Kierre, oikeakätinen	7066	Kuluminen	7073
Kierre, vasenkätinen	7067	Kuluvat osat	7059
Kierrekara	7408	Kuori	7293
Kierresokka	7401	Kuori, muuntimen	7292
Kierteitetty rengas	7118	Kuppi	7450
Kierukka, kuumennus-	7504	Kupukantaurasokka	7442
Kiilahihna	7178	Kuristin	7365
Kiilahihna, kapea	7180	Kuula	7540
Kiilahihna, leveä	7179	Kuula-kartiolevyvariaattori	7008
Kiilahihnakiekko, pallomainen	7167	Kuula-kartiovariaattori	7010
Kiilahihnan profiili	7182	Kuula-levyvariaattori	7009
Kiilahihnapyörä	7162	Kuula-rengasvariaattori	7011, 7012
Kiinnityskotelo	7384	Kuulan pidin	7537
Kiinteä kiekko	7163	Kuulapää	7262
Kilpi, valmistajan	7054	Kuulapäätappi	7254
Kinemaattinen viskositeetti	7500	Kuularengas-rullavariaattori	7013
Kiristin	7183	Kuumennus	7503
Kiristysakseli, ketjujen	7103	Kuumennnuselementti	7505
Kiristyskenkä	7198	Kuumennuskierukka	7504
Kiristyskoukku	7197	Kuusiotulppa	7407
Kiristyslaitteisto	7192	Kytkentäkaavio, hydraulinen	7061
Kiristyslevy, ketjun	7193	Kytkentäkaavio, sähköinen	7060
Kiristyspukki	7195	Kytkin, ei irtikytkettävä	7271
Kiristysrengas	7116	Kytkin, irtikytkettävä	7272
Kiristysruuvi	7402	Kytkin, uimuri-	7312
Kiristysvipu	7194	Kytkinkappale	7214
Kitkaketjuvariaattori	7020	Kytkinkotelo	7224
Kitkapyörä	7172	Käsipyörä	7260
Koko	7052	Käsipyöräsäätö	7264
Kokoonpanopiirustus	7062	Käsivipu	7263
Kotelo, ammennusputken	7306	Käytettävä säätökiekko	7160
Kotelo, hammaspyörä-	7370	Käyttävä elin	7175
Kotelo, hammaspyöräpumpun	7378	Käyttävä säätökiekko	7159
Kotelo, hammasvaihteen	7382	Käyttö, hydrostaattinen	7037
Kotelo, jalka-	7387	Käyttöohje	7068
Kotelo, jousi-	7376	Kääntölevy	7221
Kotelo, karan	7374	Kääntöluisti	7360
Kotelo, kiinnitys-	7384		
Kotelo, kytkin-	7224		
Kotelo, laippa-	7386	Laakeri, heiluri-	7522
Kotelo, muuntimen	7383	Laakeri, liuku-, holkki	7529
Kotelo, ohjaus-	7379	Laakeri, osoitinpyörän	7523
Kotelo, paine-	7390	Laakeri, sintrattu	7521
Kotelo, perus-	7389	Laakerilaippa	7524
Kotelo, planeetta-	7373	Laakerilevy	7526

SF

Napa, pumppupyörän	7300	Paine, interferenssi-	7364
Napa, puristus-	7196	Painike	7213
Napa, turpiinipyörän	7284	Paino, tasa-	7227
Nappi, lukitus-	7261	Paino, vasta-	7226
Neliömäinen tiiviste	7467	Paisuva sulkutulppa	7223
Neula	7543	Palje	7228
Neulaholkki	7536	Pallomainen kiilahihnakiekko	7167
Neulan pidin	7533	Peruskotelo	7389
Neulan pidin (aksiaali)	7534	Pidennys	7200
Neularengas	7535	Pidin	7538
Niitti	7447	Pidin, jousen	7216
Nimellispyörimisnopeus	7047	Pidin, kuulan	7537
Nivelkappale	7220	Pidin, liukukenkä-,	7244
Niveltangon pää	7253	Pidin, liukurenkaan	7248
Nokka	7215	Pidin, neulan	7533
Nollaiskusäätäjä	7335	Pidin, neulan (aksiaali)	7534
Nollaiskusäätö	7334	Pidätin	7233
Nopeus, nimellispyörimis-	7047	Pidätinrengas	7121
Nopeussuhde, pyörimis-	7048	Pidätintappi	7234
		Pidätysruuvi	7404
		Piirustus, kokoonpano-	7062
Ohjain, liukukenkäpitimen	7242	Planeetta-kartiolevy-	
Ohjaus	7154, 7238	rengasvariaattori	7006
Ohjausaluslevy	7113	Planeettakotelo	7373
Ohjausholkki	7112, 7239	Pneumaattinen säätö	7150.4
Ohjauskansi	7114	Poiklittaiskappale	7256
Ohjauskappale	7240	Poistoilman suodatin	7459
Ohjauskotelo	7379	Poksitiivisteen holkki	7477
Ohjauslaippa	7115	Poksitiivistemateriaali	7478
Ohjauslevy	7313	Portaattomasti säädettävät	
Ohjauslevy, hydraulinen säätö	7315	vaihteet	7000
Ohjauslevy, sähköinen säätö	7314	Profiili, kiilahihnan	7182
Ohjausmäntä	7323	Pukki, kiristys-	7195
Ohjauspaineputkisto	7321	Pukki, laakeri-	7525
Ohjausrunkokappale	7320	Pumppu, täyttö-	7310
Ohjaustanko, ristikappaleen	7249	Pumppu, voitelu-	7369
Ohjausyksikkö	7316	Pumppupyörän napa	7301
Ohje, asennus-	7069	Pumpun akseli	7105
Ohje, käyttö-	7068	Pumpun kannatin	7300
Ohje, purkamis-	7070	Pumpun pesä	7377
Ohje, voitelu-	7071	Pumpun pyörä	7299
Oikea	7064	Puoli, ensiö-	7049
Oikeakätinen kierre	7066	Puoli, toisio-	7050
Oskillaattorijousi	7232	Puristuskierrejousi	7431
Oskilloiva elementti	7231	Puristuslaite, momentista ja	
Osoitin	7412	välityssuhteesta riippuva	7191.3
Osoitin, öljynkorkeuden	7461	Puristuslaite, momentista	
Osoitinakseli	7104	riippuva	7191.1
Osoitinpyörän laakeri	7523	Puristuslaite, välityssuhteesta	
		riippuva	7191.2
		Puristuslaitteisto	7191.0
Paine	7045	Puristusnapa	7196
Paineakku	7455	Purkamisohje	7070
Painealuslevy	7318	Puskuri	7230
Paineanturi	7219	Putki, ammennus-	7307
Painekotelo	7390	Putki, jako-	7309

Putki, täyttö-	7311
Putkiliitin	7487
Putkimutteri	7415
Putkisuodatin	7457
Pyörijän mutteri	7418
Pyörimisnopeus, nimellis-	7047
Pyörimisnopeussuhde	7048
Pyörimisvarmistin	7426
Pyörittäjä, myötä-	7235
Pyörä, aksiaalijohto-	7285
Pyörä, hihna-	7161
Pyörä, johto-	7287
Pyörä, ketju-	7190
Pyörä, kiilahihna-	7162
Pyörä, kitka	7172
Pyörä, käsi-	7260
Pyörä, pumpun	7299
Pyörä, radiaalijohto-	7286
Pyörä, siipi-	7298
Pyörä, turpiini-	7282
Päätykansi	7392
Päätykotelo	7388
Päätylevy	7127

Radiaalijohtopyörä	7286
Radiaalimäntävariaattori	7028
Rajoitus, iskun	7338
Rakenne	7051
Rakennetyyppi	7053.1
Rengas, ensiökitka-	7125
Rengas, kierteitetty	7118
Rengas, kiristys-	7116
Rengas, laakeri-	7532
Rengas, laippa-	7124
Rengas, liuku-	7531
Rengas, lukko-	7122
Rengas, myötäpyörittäjä-	7123
Rengas, männän	7330
Rengas, neula-	7535
Rengas, pidätin-	7121
Rengas, tiiviste-	7462
Rengas, toisiokitka-	7126
Rengas, tuki-	7120, 7117
Rengas, V-	7469
Rengas, väli-	7119, 7131
Rengas-kartiolevyvariaattori	7007
Rengas-rullavariaattori	7014
Ripaputkijäähdytin	7507
Ristikappale	7255
Ristikappaleen ohjaustanko	7249
Roiskelevy	7368
Roottori	7302, 7339
Roottori, sisä-	7303
Roottori, ulko-	7304
Roottorilevy	7305

Rulla	7205
Rulla, kartio-	7207, 7542
Rulla, lieriö-	7541
Rulla, ulko-	7206
Rulla-levyvariaattori	7003
Rullaketju, kehä-	7189
Rullaketju, lieriö-	7187
Runko, sylinteri-	7349, 7354
Runko, venttiilin	7344
Runkokappale, ohjaus-	7320
Ruuvi, asetus-	7403
Ruuvi, asetus-, siirtotangon	7406
Ruuvi, esijännitys-	7405
Ruuvi, huohotin-	7399
Ruuvi, kiristys-	7402
Ruuvi, lukitus-	7427
Ruuvi, pidätys-	7404
Ruuviliitos	7400

SAE-laippa-sarjaryhmä	7363
Sarja, liukurengas-	7247
Sarja, tiiviste	7473
Seinä	7395
Servoholkki	7347
Servokannatin	7345
Servomäntä	7348
Servosylinteri	7346
Siipi	7297
Siipipumppuvariaattori	7029
Siipipyörä	7298
Siirtokappale	7199, 7203
Siirtotangon asetusruuvi	7406
Siirtyvä kiekko	7164
Siivilä	7458
Sintrattu laakeri	7521
Sisempi säätökiekko	7157
Sisäkuori	7296
Sisäroottori	7303
Sivuseinä	7394
Sokka, jousi-	7444
Sokka, kartiomainen uritettu	7441
Sokka, kierre-	7401
Sokka, kupukantaura-	7442
Sokka, lieriö-	7445
Sokka, lieriömäinen uritettu	7440
Sokka, sovite-	7446
Sokka, uppokantaura-	7443
Sovitesokka	7446
Spiraalin kotelo	7375
Spiraalimainen kotelo	7380
Staattori	7341
Sulkutulppa, paisuva	7223
Sulkumäntä	7356
Sulkuventtiili	7357
Sumuvoitelu	7451

Suodatin, poistoilman	7459	Tappi, kuulapää-		7254
Suodatin, putki-	7457	Tarra		7055
Suodatin, täyttö- ja huohotin-	7460	Tasapaino		7227
Suodatin, vaihto-	7456	Tasausmäntä		7337
Suojus, tuulettimen	7512	Tasopyörä-siirtorullavariaattori		7023
Suutin	7358	Termostaatti		7514
Sylinteri	7350	Tiedot		7040
Sylinteri, servo-	7346	Tieventtiili		7343
Sylinteri, säätö-	7322	Tiiviste		7453
Sylinterin asennussarja	7355	Tiiviste, akseli-		7466
Sylinterin kansi	7353	Tiiviste, aksiaali-		7463
Sylinterin pohja	7351	Tiiviste, hattukaulus-		7475
Sylinterin seinä	7327	Tiiviste, huuli-		7468
Sylinterirungon jousi	7352	Tiiviste, kaulus-		7474
Sylinterirunko	7349	Tiiviste, kotelon		7472
Sähkö-hydraulinen säätölaite	7266	Tiiviste, liukurengas-		7471
Sähköinen kytkentäkaavio	7060	Tiiviste, neliömäinen		7467
Sähköinen säätö	7150.1	Tiiviste, säteis-		7464
Säteistiiviste	7464	Tiivistealuslevy		7470
Säteisvoima	7044	Tiivisteen jousi		7476
Säädettävä johtosiipi	7289	Tiivisterengas		7462
Säädettävä T-kappale	7486	Tiivistesarja		7473
Säädettävä hydraulikytkin		Tiivistysmutteri		7421
(keskipakosäätö)	7031	Tiivistysrengas		7331
Säädettävä hydraulikytkin		Toisiokartio		7171
(pumppusäätö)	7032	Toisiokiekko		7169
Säädettävä momentinmuunnin	7034	Toisiokitkarengas		7126
Säädin, ajo-	7270	Toisiopuoli		7050
Säätaja	7267	Tukirengas	7117,	7120
Säätaja, vakiopaine-	7332	Tukirengas, laakerin		7527
Säätö, hydraulinen	7150.2	Tulppa	7483,	7488
Säätö, käsipyörä-	7264	Tulppa, kuusio-		7407
Säätö, mekaaninen	7150.3	Tulppa, lukko-		7489
Säätö, pneumaattinen	7150.4	Tulppa, ylikuumenemis-		7428
Säättö, sähköinen	7150.1	Turpiini		7280
Säätöakseli	7101	Turpiini, aksiaali-		7281
Säätöalue	7046	Turpiinipyörä		7282
Säätöhammasakseli	7102	Turpiinipyörän laippa		7283
Säätökiekko, käytettävä	7160	Turpiinipyörän napa		7284
Säätökiekko, kayttävä	7159	Turpiinin akseli		7106
Säätökieko, sisempi	7157	Tuuletin		7510
Säätökieko, ulompi	7158	Tuulettimen suojus		7512
Säätökotelo	7385	Työnnin		7362
Säätölaite, hieno-	7265	Työntöventtiili		7360
Säätölaite, johtosiiven	7290	Täyttö- ja huohotinsuodatin		7460
Säätölaite, sähköhydraulinen	7266	Täyttöpumppu		7310
Säätölaitteisto	7150.0	Täyttöputki		7311
Säätömoottori	7151	Täytös, männän		7328
Säätömutteri	7419			
Säätönappi	7259			
Säätösylinteri	7322	Uimurikytkin		7312
Säätöyksikkö	7333	Ulkokuori		7295
		Ulkoroottori		7304
		Ulkorulla		7206
T-kappale, säädettävä	7486	Ulompi säätökiekko		7158
Tappi	7212	Uppokantaurasokka		7443

Glossar	D
Diccionario	E
Glossaire	F
Glossary	GB
Glossario	I
Glossarium	NL
Ordbok	S
Sanasto	SF

7000		D Stufenlos einstellbare Getriebe E Variadores de velocidad F Variateurs de vitesse GB Speed variators I Variatori di velocità NL Snelsheidsvariatoren S Steglöst inställbara växlar SF Portaattomasti säädettävät vaihteet
7001	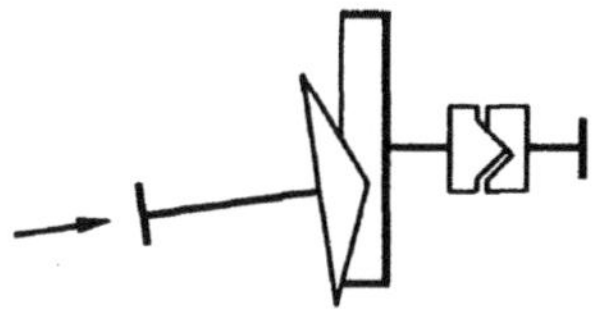	D Kegelreibring-Getriebe E Variador de fricción por disco cónico F Variateur à friction à plateau conique GB Cone and ring variable speed drive I Variatore a frizione a disco conico NL Kegelwrijvingsvariator S Konringsvariator SF Kartio-kitkarengas-variaattori
7002	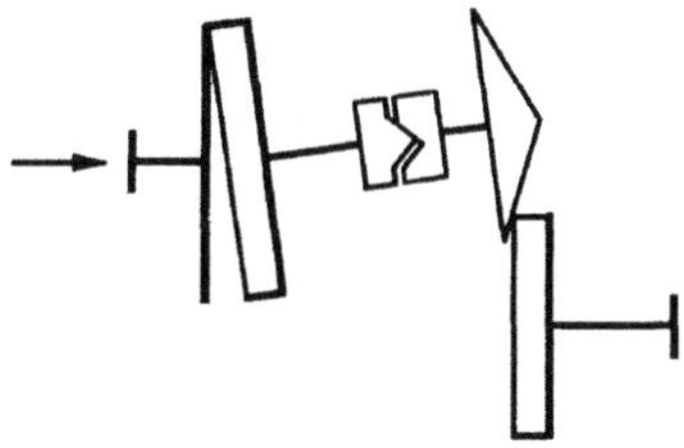	D Zweistufiges Kegelreibring-Getriebe E Variador de fricción por disco cilíndrico y disco cónico F Variateur à friction double à plateau conique GB Two-stage cone and ring variable speed drive I Variatore a frizione a dischi conico e cilindrico NL Tweetraps-kegelwrijvingsvariator S Tvåstegs konringsvariator SF Kaksiportainen kartio-kitkarengas-variaattori
7003	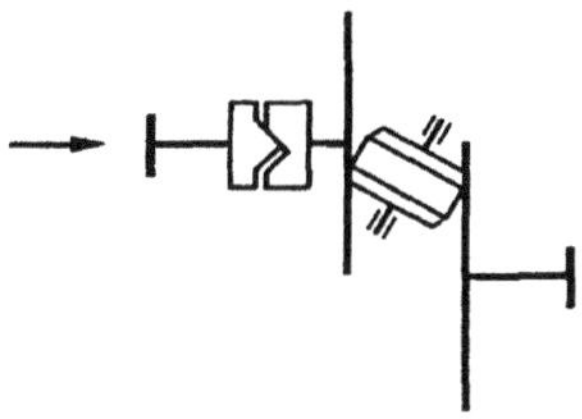	D Kegelrollen-Scheibengetriebe E Variador de frición por disco y rodillo tronco-cónico doble F Variateur à plateaux et galet biconique GB Roller and disc variable speed drive I Variatore a rullo biconico e dischi NL Kegelrolvariator met schijven S Rullskivevariator SF Rulla-levyvariaattori
7004	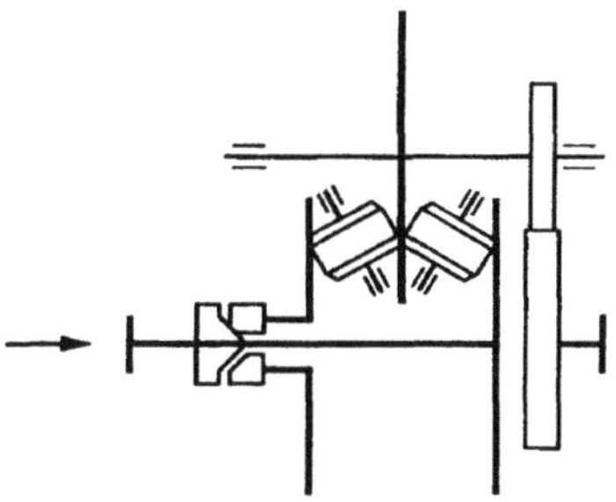	D Doppelkegelrollen-Scheibengetriebe E Variador de fricción por dos rodillos tronco-cónicos dobles F Variateur à rouleaux bi-coniques double GB Double roller and friction disc variable speed drive I Variatore a due rulli biconici e dischi NL Tweevoudige kegelrolvariator met schijven S Dubbel rullskivevariator SF Kaksoisrulla-levyvariaattori

7005	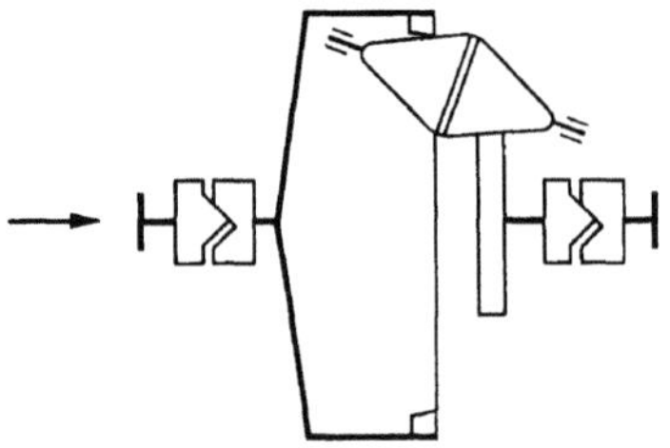	D Doppelkegelring-Getriebe
		E Variador de fricción de anillo y
		    cónicos dobles
		F Variateur bi-conique à anneau et plateau
		GB Double cone and ring variable speed drive
		I Variatore a rullo biconico con anello e ruota
		NL Kegelrolvariator en ring (Dubbelkonische
		    rolvariator met ring)
		S Dubbel konringsvariator
		SF Kaksoiskartio-rengasvariaattori

7006	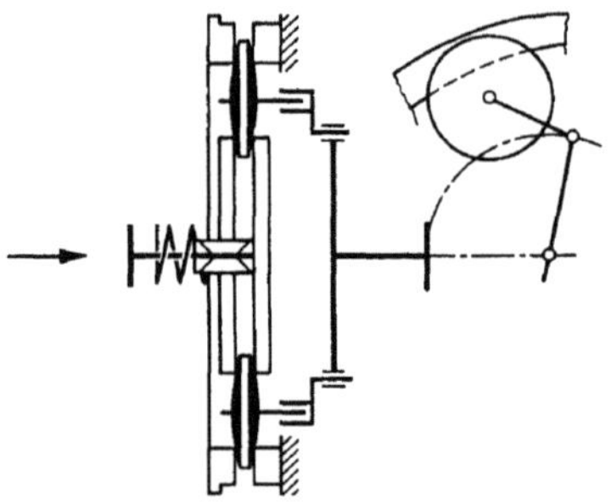	D Planeten-Kegelscheiben-Ringgetriebe
		E Variador de fricción planetario de
		    discos cónicos
		F Variateur à friction planétaire à
		    disques coniques
		GB Planetary disc and ring variable speed drive
		I Variatore planetario a dischi conici
		NL Planetaire wrijvingswielvariator met
		    kegelschijven en ring
		S Planet och konskivevariator
		SF Planeetta-kartiolevy-rengasvariaattori

7007	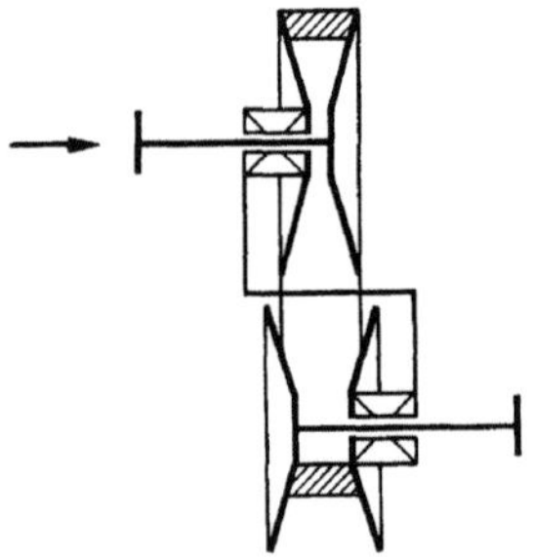	D Ringkegelscheiben-Getriebe E Variador de fricción de poleas extensibles y anillo metálico F Mécanisme à poulies extensibles à anneau GB Cone pulley variable speed drive I Variatore a pulegge con diametro variabile NL Staalringvariator S Konskivevariator med ring SF Rengas-kartiolevyvariaattori
7008	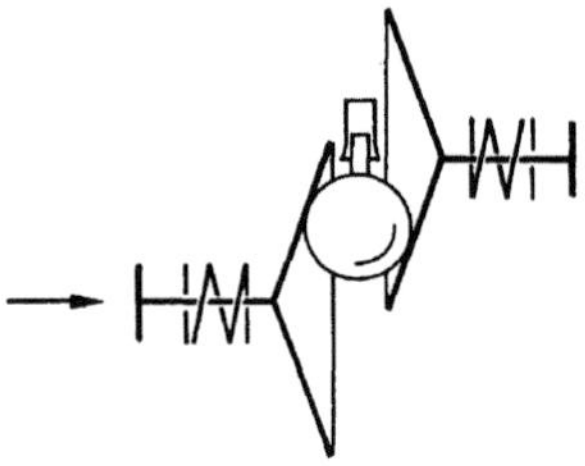	D Kugelkegelscheiben-Getriebe E Variador de fricción de bola y discos cónicos F Variateur à bille et disques coniques GB Ball and cone disc variable speed drive I Variatore a sfera e dischi conici NL Kogelvariator met schotelwielen S Konskivevariator med kula SF Kuula-kartiolevyvariaattori
7009	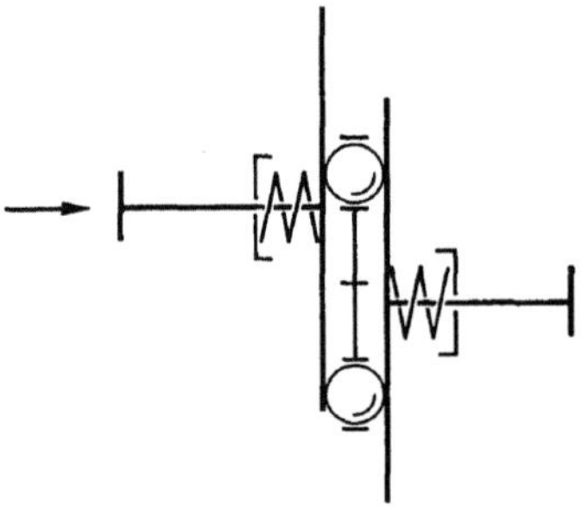	D Kugelscheiben-Getriebe E Variador de fricción de bolas y discos cilíndricos F Variateur à friction à billes et plateaux GB Ball and disc variable speed drive I Variatore a sfere e dischi NL Kogelvariator met schijven S Kulskivevariator SF Kuula-levyvariaattori

7010	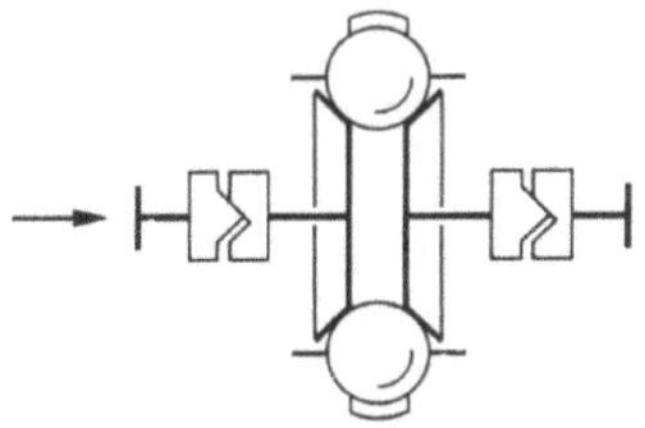	D Kugelkegel-Getriebe E Variador de fricción de bolas y platos cónicos F Variateur à friction à billes et plateaux coniques GB Ball and cone variable speed drive I Variatore a sfere e dischi conici NL Kogelvariator met binnenloopringen S Konskivevariator med kulor SF Kuula-kartiovariaattori
7011	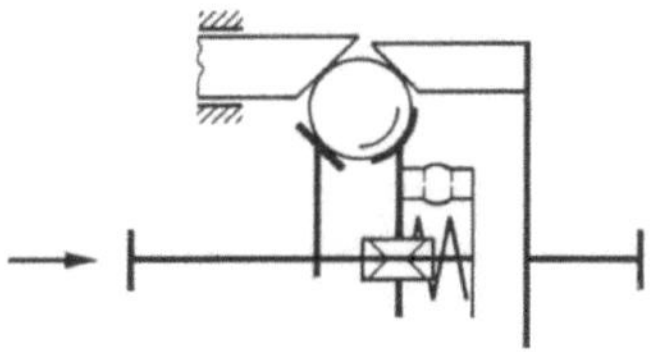	D Kugelring-Getriebe E Variador de fricción de bola con anillo esférico F Variateur planétaire à friction à billes et anneaux GB Ball and ring planetary variable speed drive I Variatore planetario a sfere ed anelli NL Planetaire kogelvariator met ringen S Kulringsvariator SF Kuula-rengasvariaattori
7012	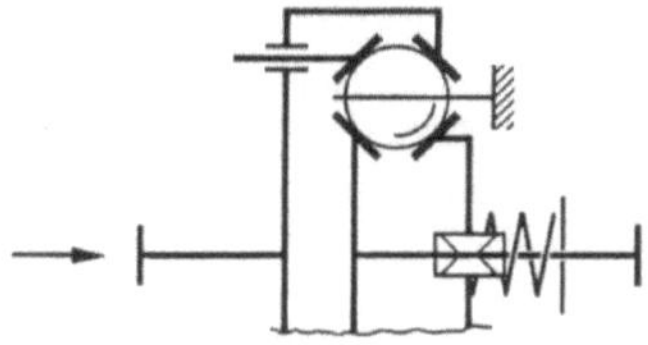	D Kugelring-Getriebe E Variador de fricción de bola con anillo esférico F Variateur à friction à billes et anneaux GB Ball and ring variable speed drive I Variatore a sfere ed anelli NL Kogelvariator met binnen- en buiten-loopringen S Kulringsvariator SF Kuula-rengasvariaattori
7013	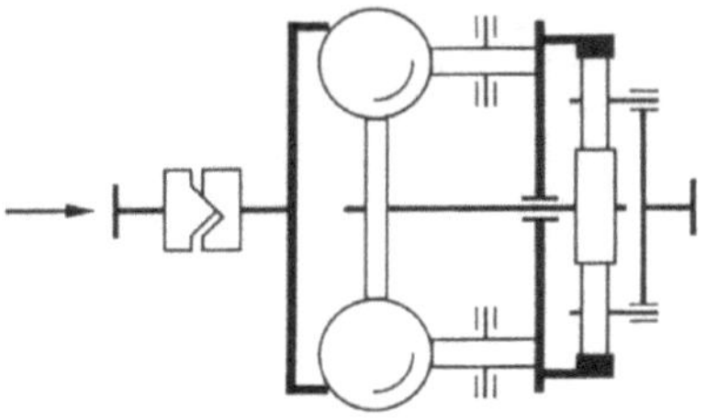	D Kugelring-Rollengetriebe E Variador planetario de fricción de rodillos cilíndricos, bolasy anillos F Variateur planétaire à friction à billes, anneau et rouleaux GB Ball and roller ring variable speed drive I Variatore planetario a sfere, anello e ruote NL Planetaire kogelwielvariator S Kulringsvariator med planet SF Kuularengas-rullavariaattori
7014	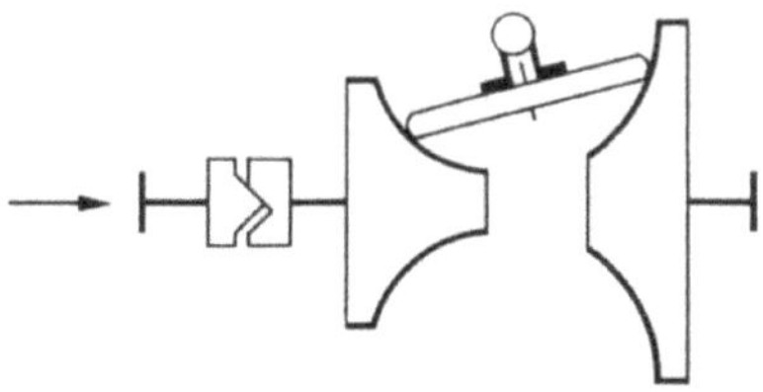	D Ringrollen-Getriebe E Variador de fricción de discos esféricos F Variateur à deux surfaces toriques et galet inclinable GB Ring and roller variable speed drive I Variatore a due dischi torici e ruota inclinabile NL Variator met torische schijven S Rullringsvariator SF Rengas-rullavariaattori

7015	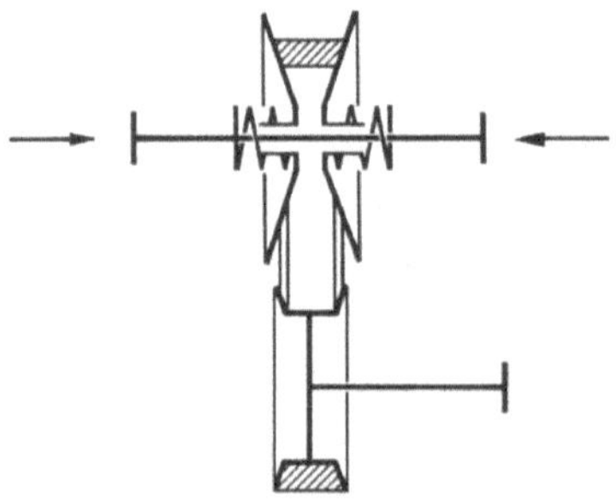	D Breitkeilriemen-Getriebe (Achsabstand veränderlich) E Variador de fricción de correa trapecial ancha con una sola polea extensible Distancia entre centros variable F Variateur à une poulie variable et courroie trapézoïdale large (Entraxe variable) GB Single spring loaded pulley-variable centre distance I Variatore a cinghia larga con una puleggia variabile (interasse variabile) NL Enkelwerkende riemvariator (veranderlyke hartafstand) S Bredremsvariator (variabelt axelavstånd) SF Hihnavariaattori (muuttuva akseliväli)
7016	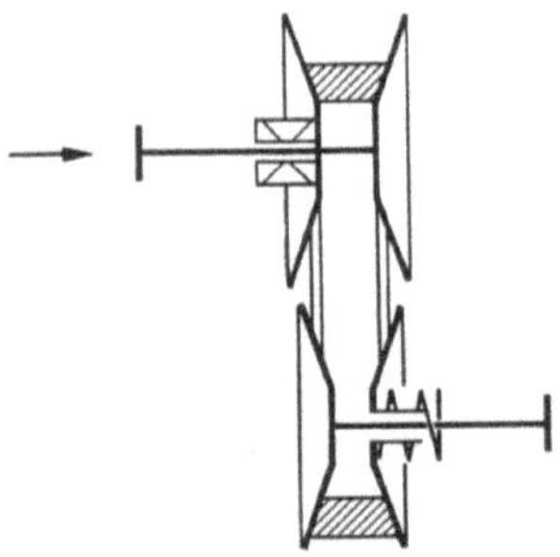	D Breitkeilriemen-Getriebe (Achsabstand fest) E Variador de fricción de correa trapecial ancha con doble polea extensible Distancia entre centros fija F Variateur à 2 poulies variables et courroie trapézoïdale large (Entraxe fixe) GB Double adjustable pulley – fixed centre distance I Variatore a cinghia larga con due pulegge variabili (interasse fisso) NL Dubbelwerkende riemvariator (vaste hartafstand) S Bredremsvariator (fast axelavstånd) SF Hihnavariaattori (kiinteä akseliväli)
7017	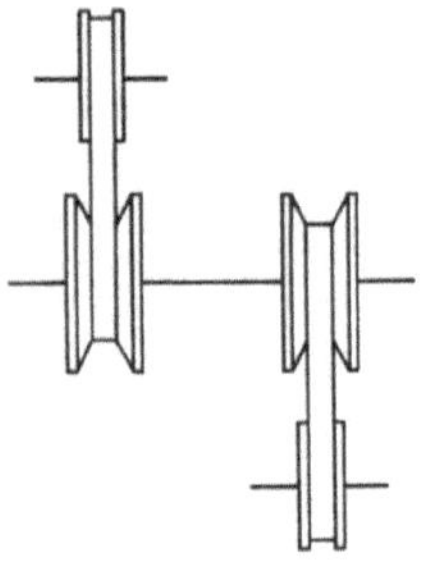	D Zweistufiges Keilriemengetriebe mit jeweils einer festen Scheibe E Variador de correa con dos poleas fijas y dos extensibles F Variateur à deux poulies variables accolées sur un arbre de renvoi GB Double belt-variator with two fixed pulleys I Variatore a cinghie con due pulegge fisse e due variabili NL Dubbelwerkende riemvariator met twee vaste schijven S Dubbel kilremsvariator med två fasta skivor SF Kaksiportainen hihnavariaattori, jossa
7018	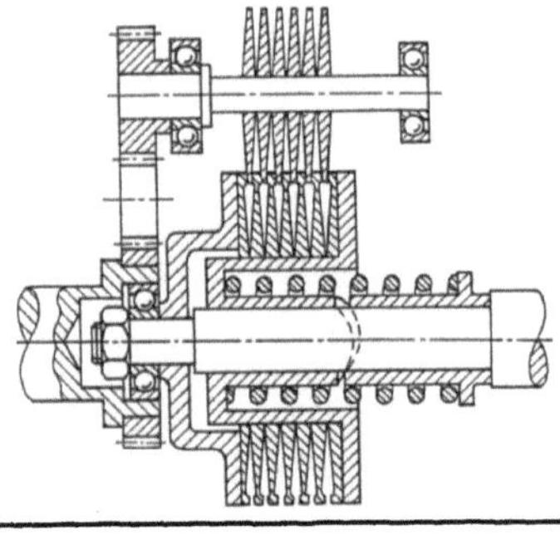	D Kegelscheiben-Verstellgetriebe E Variador de fricción de discos múltiples F Variateur à plusieurs disques de friction GB Multi conical friction disc drive I Variatore con frizione a dischi mulitpli NL Regelmechanisme door regelschijven S Konskivor-Variator SF Kartiolevyvariaattori

7019		D	Asymmetrisches Breitkeilriemen-Getriebe
		E	Variador de fricción de correa trapecial ancha asimétrica
		F	Variateur à 2 poulies extensibles à courroie asymétrique
		GB	Double adjustable pulley asymmetrical 'V' belt variable speed drive
		I	Variatore a cinghia asimmetrica
		NL	Dubbelwerkende riemvariator met assymetrische riem
		S	Bredremsvariator med asymetrisk rem
		SF	Hihnavariaattori – epäsymmetrinen hihna

7020		D	Reibketten-Getriebe
		E	Variador de fricción por cadena, con una polea extensible
		F	Variateur à 2 poulies extensibles et chaîne à rouleaux
		GB	Chain friction variable speed drive
		I	Variatore a catena a rulli con due pulegge variabili
		NL	Kettingvariator
		S	Friktionskedjevariator
		SF	Kitkaketjuvariaattori

7021		D	Lamellenketten-Getriebe
		E	Variador por cadena dentada de láminas y platos dentados extensibles
		F	Variateur à 2 poulies extensibles et chaîne à lamelles
		GB	Multi-plate chain variable speed drive
		I	Variatore a catena a lamelle con due pulegge variabili
		NL	Lamellenkettingvariator
		S	Lamellkedjevariator
		SF	Lamelliketjuvariaattori

7022		D	Schaltwerks-Getriebe
		E	Variador de rueda libre con excéntricas y bielas
		F	Variateur à mécanisme à impulsions
		GB	Impulse variable speed drive link type unit
		I	Variatore con meccanismo a impulsi
		NL	Variabel stangmechanisme
		S	Stegvariator
		SF	Askelvariaattori

7023		D	Planrad-Schieberollen-Getriebe
		E	Variador de rodillos cilíndricos desplazables y rueda plana
		F	Variateur à plateau et galet (rouleau) mobile
		GB	Disc and sliding driven roller variable speed drive
		I	Variatore a disco e ruota spostabile
		NL	Schijf-rolvariator
		S	Rullskivevariator
		SF	Tasopyörä-siirto rullavariaattori

7024	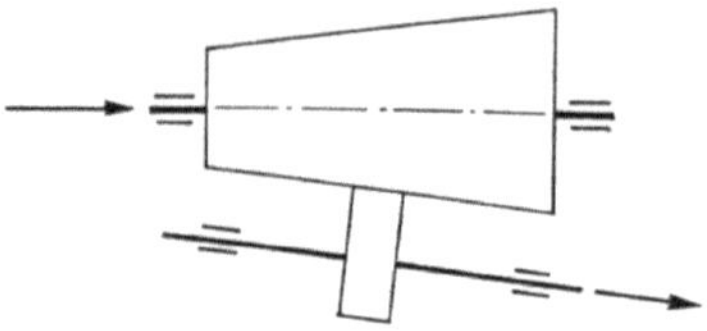	D Konusscheiben-Getriebe mit Rolle E Variador de rodillos cilíndricos y cónicos F Variateur à tambour conique et rouleau GB Sliding cone and sliding driven roller variable speed drive I Variatore a tamburo conico e ruota NL Kegel-rolvariator S Konrullvariator SF Kartiopyörä-rullavariaattori
7025	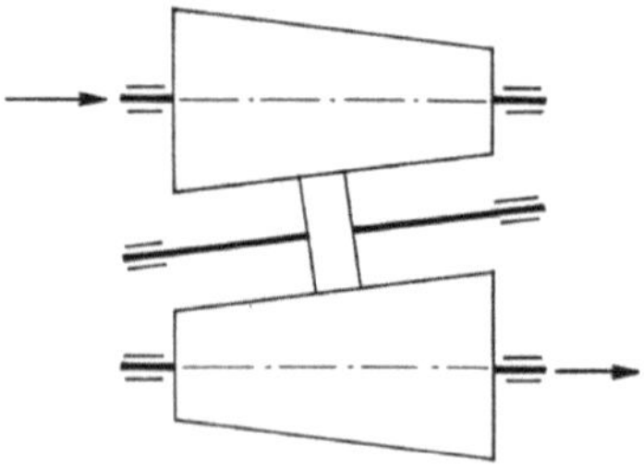	D Konusscheiben-Getriebe mit Zwischenrolle E Variador de rodillo cónico doble y rodillo cilíndrico F Variateur à 2 tambours coniques et rouleau GB Double cone and roller variable speed drive I Variatore a due tamburi conici e ruota NL Dubbelwerkende kegelrolvariator S Dubbel konrullvariator SF Kaksoiskartiopyörä-rullavariaattori
7026	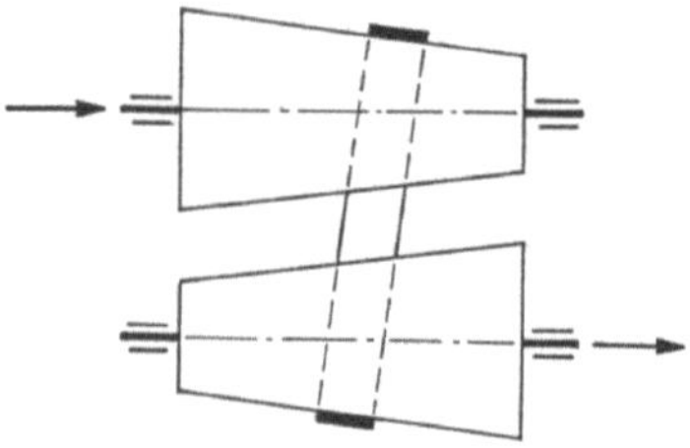	D Konusscheiben-Getriebe ohne Zwischenrolle E Variador de correa plana y dos rodillos cónicos F Variateur à deux tambours coniques et courroie plate GB Double cone and flat-belt variable speed drive I Variatore a due tamburi conici e cinghia piana NL Dubbelwerkende kegel-riemvariator S Dubbel konvariator med rem SF Kaksoiskartiopyörä-lattahihnavariaattori
7027	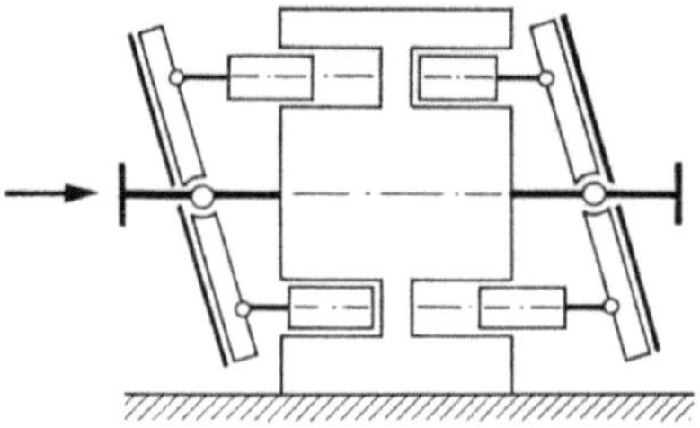	D Axialkolben-Getriebe E Variador hidráulico de émbolo axial F Variateur hydraulique à pistons axiaux GB Axial piston hydraulic variable speed drive I Variatore idraulico a pistoni assiali NL Hydraulische variator met axiale plunjers S Axial kolvvariator SF Aksiaalimäntävariaattori
7028	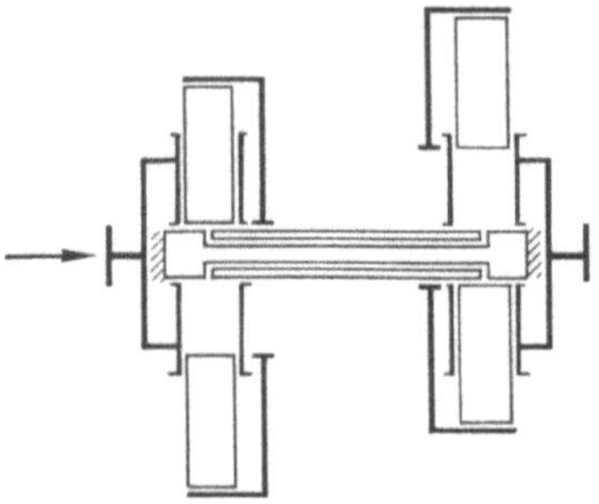	D Radialkolben-Getriebe E Variador hidráulico de émbolo radial F Variateur hydraulique à pistons radiaux GB Radial piston hydraulic variable speed drive I Variatore idraulico a pistoni radiali NL Hydraulische variator met radiale plunjers S Radial kolvvariator SF Radiaalimäntävariaattori

7029		D	Flügelzellen-Getriebe
		E	Variador hidráulico de paletas
		F	Variateur hydraulique à palettes
		GB	Vane pump hydraulic variable speed drive
		I	Variatore idraulico volumetrico
		NL	Hydraulische variator met schotten
		S	Lamellpumpsvariator
		SF	Siipipumppuvariaattori

7030		D	Axialkolben-Umlaufgetriebe
		E	Variador hidráulico de émbolo axial rotatorio
		F	Variateur à pistons axiaux et réducteur planétaire
		GB	Rotary axial piston hydraulic variable speed drive with planetary reducer
		I	Variatore idraulico a pistoni assiali e riduttore planetario
		NL	Hydraulische variator met axiale plunjer-blokken
		S	Axial rotationskolvvariator
		SF	Aksiaalimäntä-planeettavariaattori

7031		D	Hydrodynamische Stellkupplung – Abstimmung von Zu- und Ablauf
		E	Embrague hidrodinámico de achique controlado
		F	Coupleur hydrodynamique contrôlé par variation du débit d'huile
		GB	Variable flow hydraulic coupling – scoop controlled
		I	Giunto idrodinamico a scorrimento con portata d'olio variabile
		NL	Variabele hydrodynamische koppeling met regelbare olievulling
		S	Omställbar hydrodynamisk koppling (Skopreglerad)
		SF	Säädettävä hydraulikytkin (keskipakosäätö)

7032		D	Hydrodynamische Stellkupplung – Veränderung der Entnahmehöhe mittels Schöpfrohr
		E	Embrague hidrodinámico de achique controlado modificando la altura de la toma Control por bomba
		F	Coupleur hydrodynamique à écope à contrôle par pompe
		GB	Variable speed hydraulic coupling – pump controlled
		I	Giunto idrodinamico a scorrimento variabile controllato per mezzo di pompa di riempimento
		NL	Instelbare hydrodynamische koppeling met schepbuis
		S	Omställbar hydrodynamisk koppling (Pumpreglerad)
		SF	Säädettävä hydraulikytkin (pumppusäätö)

7033		D Hydrodynamischer Drehmomentwandler E Convertidor de par F Convertisseur de couple GB Torque converter I Convertitore di coppia NL Koppelomvormer S Hydrodynamisk momentomvandlare SF Hydrodynaaminen momentinmuunnin
7034		D Stellwandler E Convertidor de par con regulación F Convertisseur de réglage GB Torque convertor I Convertitore di regolazione NL Regelbare omvormer S Reglerbar momentomvandlare SF Säädettävä momentinmuunnin
7035	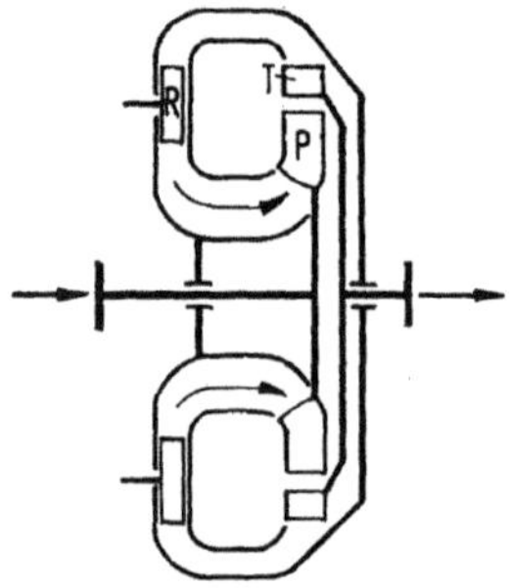	D Stellwandler mit Leitschaufelverstellung E Convertidor de par hidrodinámico por inclinación variable de las paletas motrices F Convertisseur hydraulique de couple à aubes inclinables GB Torque converter (shovel controlled) I Convertitore idrodinamico di coppia a pale ad inclinazione variabile NL Hydrodynamische koppelomvormer met schoepinstelling S Hydrodynamisk momentomvandlare med skovelreglering SF Momentinmuunnin, jossa ohjaussiipisääto
7036	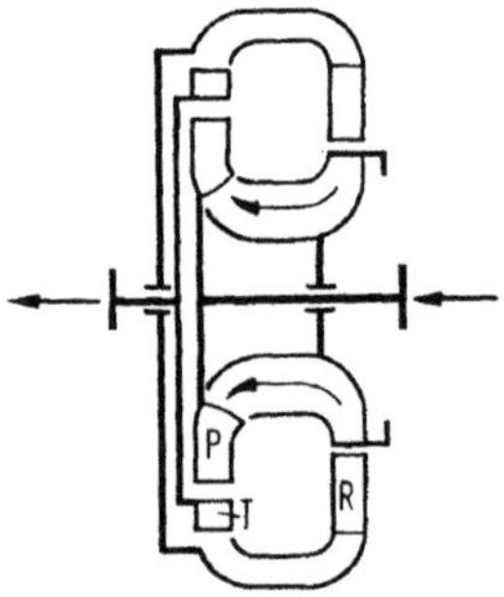	D Stellwandler mit Ringschieber E Convertidor de par hidráulico con válvula anular F Convertisseur de couple à diaphragme GB Torque converter (Ring controlled) I Convertitore idrodinamico di coppia ad anelli regolabili NL Instelbare hydrodynamische koppelomvormer met regelbare ringschijf S Hydrodynamisk momentomvandlare med ringskivereglering SF Momentinmuunnin jossa rengasluistisäätö

7037	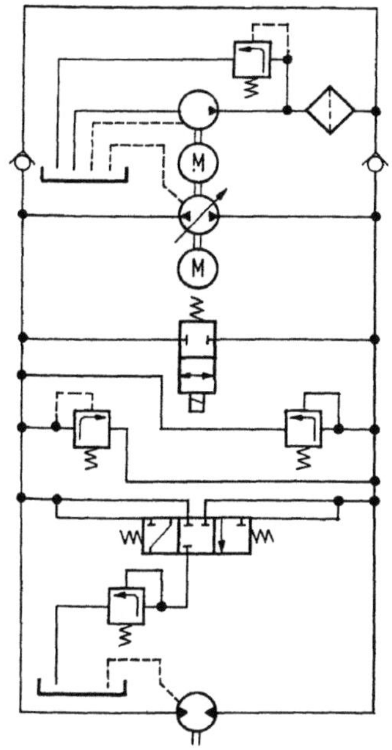	D Hydroferngetriebe E Convertidor de par hidráulico auto-regulable a distancia F Groupe hydrostatique autorégulé à distance GB Remote control hydrostatic v/s drive I Gruppo idrostatico autoregolato a distanza NL Hydrostatisch aandrijfsystem met afstandsbediening S Hydrostatisk drivning SF Hydrostaattinen käyttö
7040		D Kenndaten E Características F Caractéristiques GB Characteristics I Caratteristiche NL Kenmerken S Karakteristika SF Tiedot
7041		D Drehmomentverhältnis E Relación de par F Rapport de couple GB Torque ratio I Rapporto di coppia NL Koppelverhouding S Momentförhållande SF Vääntömomenttisuhde
7042		D Maximales Drehmoment E Par máximo F Couple maximum GB Maximum torque I Coppia massima NL Maximaal koppel S Maximalt vridmoment SF Maksimivääntömomentti

7043		D Axialkraft E Carga axial F Force axiale GB Axial force I Forza assiale NL Axiaalkracht S Axialkraft SF Aksiaalivoima
7044		D Radialkraft E Carga radial F Force radiale GB Radial force I Forza radiale NL Radiaalkracht S Radialkraft SF Säteisvoima
7045		D Druck E Presión F Pression GB Pressure I Pressione NL Druk S Tryck SF Paine
7046		D Stellbereich E Relación de variación F Rapport de variation GB Operating range I Campo di variabilità NL Regelbereik S Reglerområde SF Säätöalue
7047		D Nenndrehzahl E Velocidad nominal F Vitesse nominale GB Nominal speed I Velocità nominale NL Nominaal toerental S Märkvarvtal SF Nimellispyörimisnopeus

7048		D Drehzahlverhältnis E Relación de reducción F Rapport de nombre de tours GB Speed ratio I Rapporto di riduzione NL Toerentalverhouding S Varvtalsförhållande SF Pyörimisnopeussuhde
7049		D Antriebsseitig E Lado de entrada F Côté entrée GB Input side I Lato di entrata NL Ingangszijde S Ingångssida SF Ensiöpuoli
7050		D Abtriebsseitig E Lado de salida F Côté sortie GB Output side I Lato di uscita NL Uitgangszijde S Utgångssida SF Toisiopuoli
7051		D Ausführung E Ejecución F Exécution GB Design I Esecuzione NL Uitvoering S Utförande SF Rakenne
7052		D Baugröße E Tamaño F Taille GB Size I Grandezza NL Grootte S Storlek SF Koko

7053.1		D Bauform E Sistema de construcción F Dispositif d'assemblage GB Assembly options I Soluzioni costruttive NL Bouwvorm S Byggform SF Rakennetyyppi
7053.2		D Anbauposition E Posición de montaje F Position de montage GB Mounting position I Posizione di montaggio NL Montagepositie S Monteringssätt SF Asennusasento, asennustapa
7054		D Firmenschild E Placa del constructor F Plaque constructeur GB Makers name plate I Targa del costruttore NL Firmaplaat S Namnskylt SF Valmistajan kilpi
7055		D Aufkleber E Etiqueta adhesiva F Etiquette autocollante GB Sticker I Targhetta autoadesiva NL Zelfklevend etiket S Självhäftande etikett SF Tarra
7056		D Zusammenbau E Montaje F Assemblage GB Assembly I Montaggio NL Montage S Montering SF Asennus

7057		D Zubehörteil E Accesorio F Accessoire GB Accessory I Accessorio NL Toebehoor S Tillbehör SF Lisäosat
7058		D Rohteil E Pieza en bruto F Pièce brute GB Unmachined part I Pezzo grezzo NL Onbewerkt stuk S Råmaterial SF Aihio
7059		D Verschleißteil E Pieza de desgaste F Pièce d'usure GB Wearing part I Elemento di usura NL Slijtagestuk S Förslitningsdetalj SF Kuluvat osat
7060		D Elektrischer Schaltplan E Esquema de conexiones eléctricas F Schéma de connexions électriques GB Electrical wiring diagram I Schema impianto elettrico NL Elektrisch schakelschema S Elektriskt kopplingsschema SF Sähköinen kytkentäkaavio
7061		D Hydraulischer Schaltplan E Esquema de conexiones hidráulicas F Schéma de connexions hydrauliques GB Hydraulic flow diagram I Schema impianto idraulico NL Hydraulisch schakelschema S Hydrauliskt kopplingsschema SF Hydraulinen kytkentäkaavio

7062		D Schnittzeichnung E Dibujo en sección F Dessin en coupe GB Sectional drawing I Disegno in sezione NL Doorsnedetekening S Sektionsritning SF Kokoonpanopiirustus
7063		D Farbe E Color F Couleur GB Colour I Colore NL Kleur S Färg SF Väri
7064		D Rechts E A derecha F A droite GB Right hand I Destro NL Rechts S Höger SF Oikea
7065		D Links E A izquierda F A gauche GB Left hand I Sinistro NL Links S Vänster SF Vasen
7066		D Rechtsgewinde E Rosca a derecha F Filet à droite GB Right hand thread I Filettatura destrorsa NL Rechtse schroefdraad S Högergänga SF Oikeakätinen kierre

7067		D Linksgewinde E Rosca a izquirda F Filet à gauche GB Left hand thread I Filettatura sinistrorsa NL Linkse schroefdraad S Vänstergänga SF Vasenkätinen kierre
7068		D Betriebsanleitung E Instrucciones de servicio F Instructions de fonctionnement GB Operating instructions I Norme d'uso (Istruzioni di servizio) NL Bedrijfshandleiding S Skötselinstruktion SF Käyttöohje
7069		D Montageanleitung E Manual de montaje F Manuel d'assemblage GB Assembly instructions I Norme per il montaggio NL Montage-handleiding S Monteringsinstruktion SF Asennusohje
7070		D Demontageanleitung E Instrucciones de desmontaje F Instructions de démontage GB Dismantling instructions I Norme per lo smontaggio NL Demontage-handleiding S Demonteringsinstruktion SF Purkamisohje
7071		D Schmiervorschrift E Instrucciones de lubricación F Instructions de lubrification GB Lubrication instructions I Norme per la lubrificazione NL Smeervoorschriften S Smörjinstruktion SF Voiteluohje

7072		D Schlupf E Deslizamiento F Glissement GB Slip I Slittamento NL Slip S Slirning SF Luisto
7073		D Verschleiß E Desgaste F Usure GB Wear I Usura NL Slijtage S Förslitning SF Kuluminen
7074		D Blech E Chapa F Tôle GB Sheet metal I Lamiera NL Blik S Plåt SF Levy
7075		D Platte E Placa F Plaque GB Plate I Piastra NL Plaat S Platta SF Laatta

7100		D Wellen E Ejes F Arbres GB Shafts I Alberi NL Assen S Axlar SF Akselit
7101		D Stellwelle E Eje de control F Arbre de contrôle GB Control shaft I Albero di regolazione NL Regel-as S Regleringsaxel SF Säätöakseli
7102		D Stellritzelwelle E Pinón-eje de reglaje F Pignon arbré de réglage GB Speed regulating shaft pinion I Pignone di regolazione (calettato sull'albero) NL Regelbare rondselas S Reglerkuggaxel SF Säätöhammasakseli
7103		D Kettenspannwelle E Eje tensor de la cadena F Arbre tendeur de chaîne GB Chain tensioner shaft I Albero del tendicatena NL Kettingspanner-as S Kedjesträckaraxel SF Ketjujen kiristysakseli
7104		D Zeigerwelle E Arbol de la aguja F Arbre d'aiguille GB Indicator shaft I Albero dell'indice indicatore NL Wijzer-as S Visaraxel SF Osoitinakseli

7105		D Pumpenwelle E Arbol de la bomba F Arbre de pompe GB Pump shaft I Albero della pompa NL Pomp-as S Pumpaxel SF Pumpun akseli
7106		D Turbinenwelle E Arbol de la turbina F Arbre de turbine GB Turbine shaft I Albero della turbina NL Turbine-as S Turbinaxel SF Turpiinin akseli
7107		D Stirnradwelle E Arbol de rueda cilíndrica F Arbre de roue cylindrique GB Cylindrical wheel shaft I Albero con ruota cilindrica NL As van cilindrisch wiel S Kugghjulsaxel SF Lieriöhammasakseli
7108		D Kegelradwelle E Arbol de la rueda cónica F Arbre de roue conique GB Bevel wheel shaft I Albero con ruota conica NL As van kegelwiel S Konisk kugghjulsaxel SF Kartiohammasakseli
7109		D Achse E Eje F Axe GB Axle I Asse NL As S Axel SF Akseli

7112		D Zentrierbuchse E Casquillo de centraje F Manchon de centrage GB Location bush I Bussola di centraggio – spina NL Centreerhuls S Centrerbussning SF Ohjausholkki
7113		D Zentrierscheibe E Disco de centraje F Disque de centrage GB Centering shim I Disco di centraggio NL Centreerschijf S Centrerskiva SF Ohjausaluslevy
7114		D Zentrierdeckel E Tapa de centraje F Couvercle de centrage GB Centering cover I Calotta di centraggio NL Centreerdeksel S Centrerlock SF Ohjauskansi
7115		D Zentrierflansch E Brida de centraje F Bride de centrage GB Centering flange I Flangia di centraggio NL Centreerflens S Centrerfläns SF Ohjauslaippa
7116		D Spannring E Anillo de blocaje F Bague de serrage GB Clamp collar I Anello di bloccaggio NL Klemring S Spännring SF Kiristysrengas

7117		D Stützring E Anillo de apoyo F Cale de réglage GB Spacer washer I Collare di appoggio NL Steunring S Stödring SF Tukirengas
7118		D Gewindering E Anillo roscado F Bague filetée GB Threaded bush I Ghiera filettata NL Schroefring S Gängad ring SF Kierteitetty rengas
7119		D Zwischenring E Anillo separador F Anneau intermédiaire GB Spacer ring I Anello distanziale NL Tussenring S Mellanring SF Välirengas
7120		D Druckring E Anillo de presión F Anneau de pression GB Thrust ring I Anello di spinta NL Drukring S Tryckring SF Tukirengas
7121		D Anschlagring E Anillo de paro F Anneau d'arrêt GB Stop collar I Anello di battuta NL Aanslagring S Stoppring SF Pidätinrengas

7122		D Haltering E Anillo de retención F Pièce de fixation GB Retainer I Anello di ritegno NL Bevestigingsring S Hållarring SF Lukkorengas
7123		D Mitnehmerring E Anillo de arrastre F Manchon d'entraînement GB Yoke ring I Anello di trascinamento NL Meeneemring S Medbringarring SF Myötäpyörittäjärengas
7124		D Bundring E Brida soporte F Disque épaulé GB Collar ring I Collare NL Schouderring S Kragring SF Laipparengas
7125		D Antriebslaufring E Casquillo de fricción lado entrada F Bague de friction côté entrée GB Input friction ring I Manicotto di frizione lato entrata NL Ingangsloopring S Ingående friktionsring SF Ensiökitkarengas
7126		D Abtriebslaufring E Casquillo de fricción lado salida F Bague de friction côté sortie GB Output friction ring I Manicotto di frizione lato uscita NL Uitgangsloopring S Utgående friktionsring SF Toisiokitkarengas

7127		D Endscheibe E Disco de plato F Disque primaire d'extremité GB End plate I Fondello NL Opsluitschijf S Ändskiva SF Päätylevy
7128		D Randscheibe E Disco con anillo cónico F Disque à bague conique GB Disc with conical rim I Disco intermedio NL Konische ringschijf S Mellanskiva med konisk ring SF Levy, jossa kartiomainen kehä
7129		D Scheibe E Disco F Disque GB Disc I Rondella NL Schijf S Skiva SF Laatta
7130		D Distanzscheibe E Arandela separadora F Rondelle d'écartement GB Shim I Rondella distanziale NL Afstandsschijf S Distansskiva SF Välilaatta
7131		D Distanzring E Anillo separador F Bague intermédiaire GB Distance ring I Boccola distanziale NL Afstandsring S Distansring SF Välirengas

7132		D Distanzbuchse E Casquillo distanciador F Douille entretoise GB Bush I Bussola distanziale NL Afstandsbus S Distansbussning SF Väliholkki
7133		D Distanzstück E Pieza separadora F Entretoise GB Distance piece I Distanziale NL Afstandsstuk S Distansstycke SF Välikappale
7134		D Gehärtete Scheibe E Polea templada F Poulie trempée GB Hardened disc pulley I Rondella trattata NL Geharde schijf S Härdad skiva SF Karkaistu levy
7135		D Bundbuchse E Casquillo con valona F Douille épaulée GB Shouldered bush I Bussola flangiata NL Schouderbus S Kragbussning SF Liitosholkki
7150.0		D Stelleinrichtung E Dispositivo de reglaje F Dispositif de réglage GB Control device I Gruppo di regolazione NL Regelmechanisme S Regleranordning SF Säätölaitteisto

7150.1	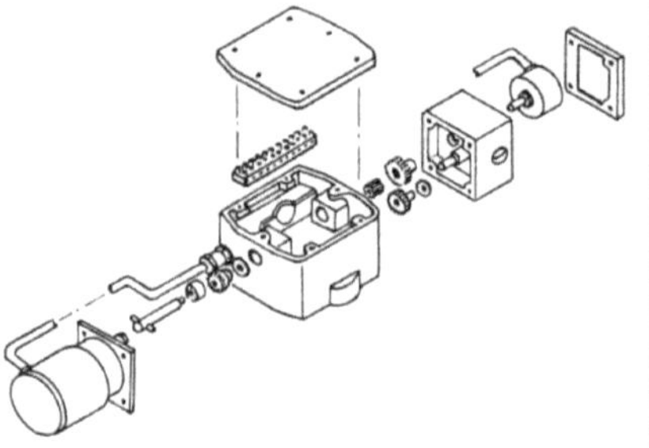	D Elektrische Stelleinrichtung E Dispisitivo de reglaje eléctrico F Dispositif de réglage électrique GB Electrical control device I Gruppo di regolazione elettrica NL Elektrisch regelmechanisme S Elektrisk regleranordning SF Sähköinen säätö
7150.2	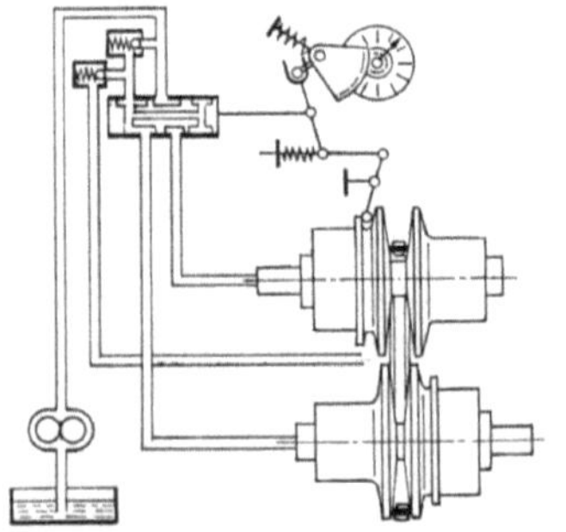	D Hydraulische Stelleinrichtung E Dispisitivo de reglaje hidráulico F Dispositif de réglage hydraulique GB Hydraulic control device I Gruppo di regolazione idraulica NL Hydraulisch regelmechanisme S Hydraulisk regleranordning SF Hydraulinen säätö
7150.3	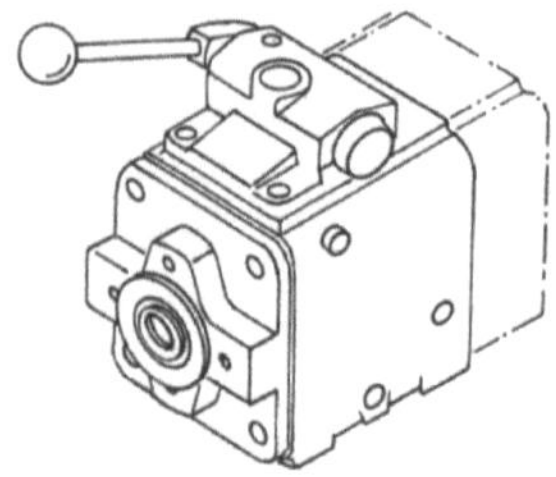	D Mechanische Stelleinrichtung E Dispositivo de reglaje mecánico F Dispositif de réglage mécanique GB Mechanical control device I Gruppo di regolazione meccanica NL Mechanisch regelmechanisme S Mekanisk regleranordning SF Mekaaninen säätö
7150.4		D Pneumatische Stelleinrichtung E Dispositivo de reglaje pneumático F Dispositif de réglage pneumatique GB Pneumatic control device I Gruppo di regolazione pneumatica NL Pneumatisch regelmechanisme S Pneumatisk regleranordning SF Pneumaattinen säätö
7151		D Stellmotor E Servomotor F Moteur de réglage GB Servo-motor I Motore di regolazione NL Regelmotor S Ställmotor SF Säätömoottori

7152		D Fernstelleinrichtung E Regulación a distancia F Dispositif de réglage à distance GB Remote control device I Teleregolazione NL Afstandsregelmechanisme S Fjärrmanövrerad regleranordning SF Kauko-ohjaus
7153		D Fernsteuereinheit E Mecanismo de reglaje a distancia F Dispositif de commande à distance GB Remote adjustment device I Dispositivo di comando a distanza NL Afstandsbedieningsmechanisme S Fjärrstyrningsenhet SF Kauko-ohjauslaite
7154		D Steuerung E Mando F Commande GB Steering I Comando NL Bediening S Styrning SF Ohjaus
7156		D Kegelscheibenpaar E Par de discos cónicos F Paire de disques coniques GB Radially grooved pulley cones I Coppia di dischi conici NL Kegelschijvenpaar S Konskivepar SF Kartiokiekkopari
7157		D Innere Stellscheibe E Polea interior regulable F Flasque intérieure réglable GB Inner moving pulley cone I Puleggia interna NL Regelbare inwendige schijf S Inre variatorskiva SF Sisempi säätökiekko

7158	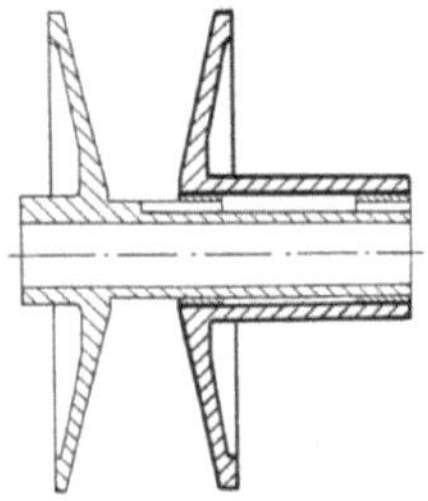	D Äußere Stellscheibe E Polea exterior regulable F Flasque extérieure réglable GB Outer moving pulley cone I Puleggia esterna NL Regelbare uitwendige schijf S Yttre variatorskiva SF Ulompi säätökiekko
7159	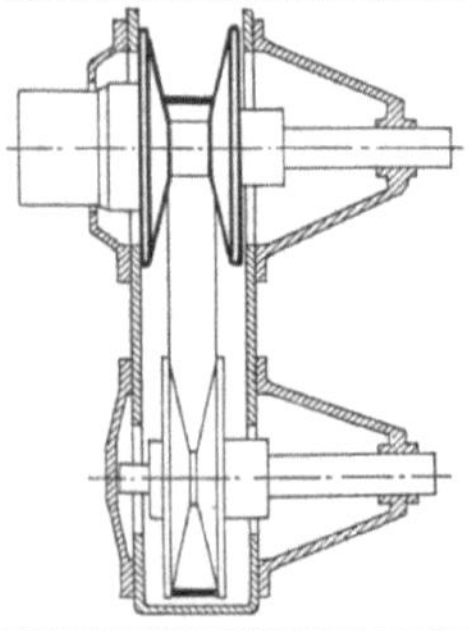	D Treibende Stellscheibe E Polea conductora F Poulie menante GB Driving pulley I Puleggia motrice NL Aandrijfschijf S Divande variatorskiva, övre SF Käyttävä säätökiekko
7160	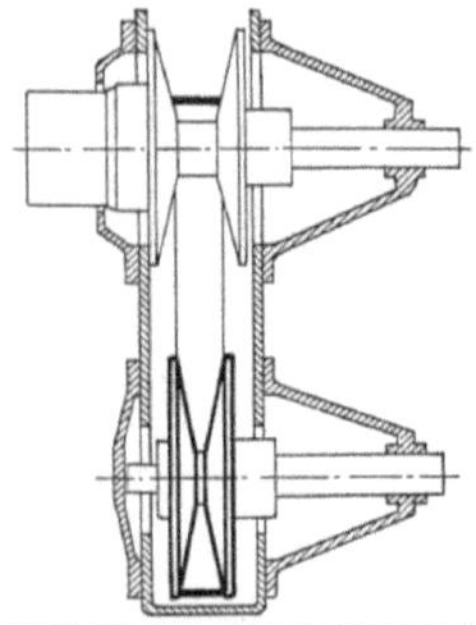	D Getriebene Stellscheibe E Polea conducida F Poulie menée GB Driven pulley I Puleggia condotta NL Gedreven schijf S Driven variatorskiva, nedre S Käytettävä säätökiekko
7161	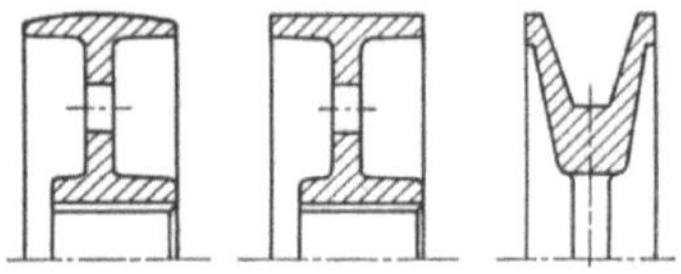	D Riemenscheibe E Polea para correa F Poulie à courroie GB Belt pulley I Puleggia per trasmissione a cinghia NL Riemschijf S Remskiva SF Hihnapyörä
7162	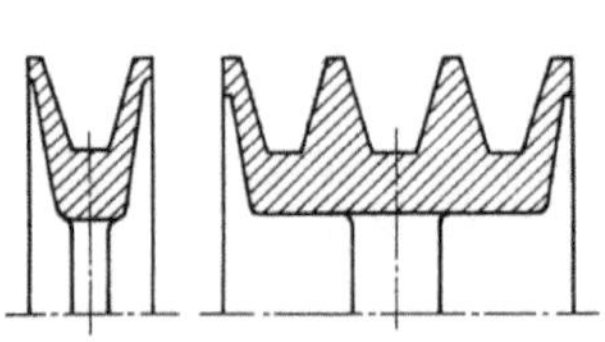	D Keilriemenscheibe E Polea acanalada F Poulie à gorges trapézoïdales GB V-belt pulley I Puleggia a gole trapezoidali NL V-riemschijf S Kilremskiva SF Kiilahihnapyörä

7163	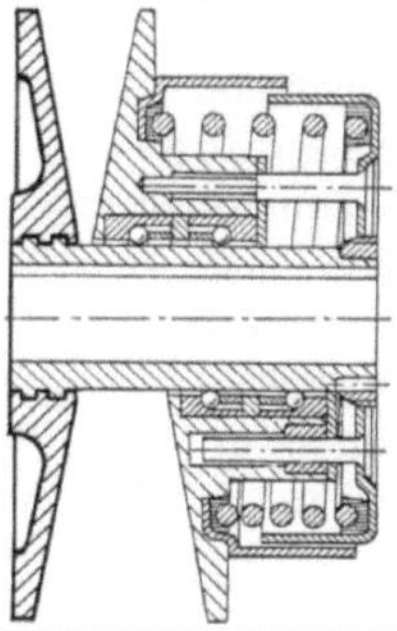	D Festscheibe E Polea fija o plato fijo F Flasque fixe GB Fixed cone I Puleggia fissa NL Vaste schijf S Fast skiva SF Kiinteä kiekko
7164	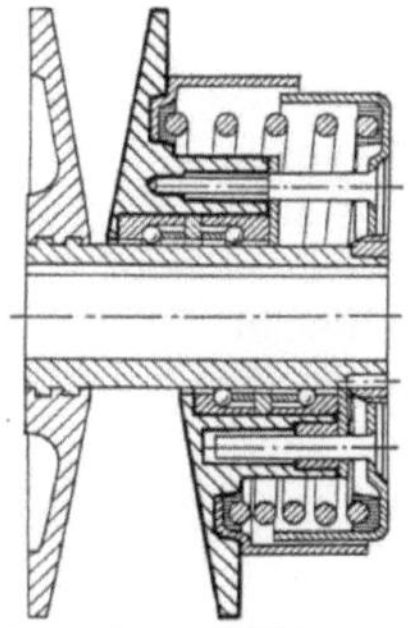	D Losscheibe E Polea loca o plato desplazable F Flasque mobile GB Sliding cone I Puleggia folle NL Losse schijf S Lös skiva SF Siirtyvä kiekko
7165	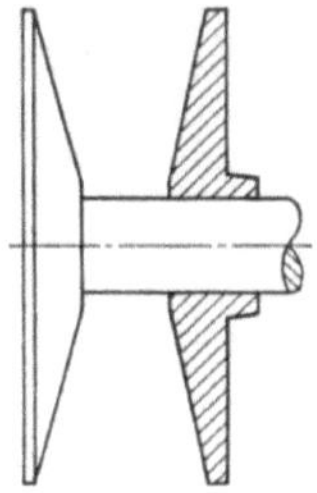	D Kegelscheibe E Polea cónica F Flasque conique GB Cone pulley I Puleggia conica NL Kegelschijf S Konskiva SF Kartiokiekko
7166	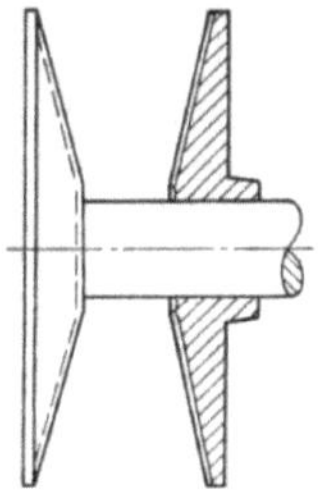	D Zahnkegelscheibe E Polea cónica dentada F Flasque conique dentée GB Radially grooved cone pulley I Puleggia conica dentellata NL Vertande kegelschijf (Konische tandschijf) S Tandad konskiva SF Hammastettu kartiokiekko
7167	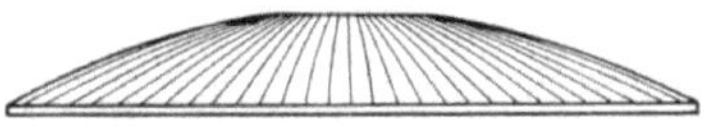	D Kugelförmige Riemenscheibe E Polea esférica F Flasque sphérique GB Pulley surface curvature I Profilo curvo della sede per la cinghia trapezoidale NL Kogelvormige riemschijf S Välvd remskiva SF Pallomainen kiilahihnakiekko

7168		D Antriebsscheibe E Disco de arrastre F Disque d'entrainement GB Input disc I Disco di entrada NL Ingangsschijf S Ingående skiva SF Ensiökiekko
7169		D Abtriebsscheibe E Disco de salida F Disque de sortie GB Output disc I Disco di uscita NL Uitgangsschijf S Utgående skiva SF Toisiokiekko
7170		D Antriebskegel E Cono de arrastre F Cône d'entrainement GB Input disc I Disco in entrada NL Aandrijfkegel S Ingående konskiva SF Ensiökartio
7171		D Abtriebskegel E Cono de arrastre lado salida F Cône de sortie GB Output disc I Disco in uscita NL Gedreven kegel S Utgående konskiva SF Toisiokartio
7172		D Reibrad E Rueda de fricción F Roue de friction GB Friction wheel I Ruota di frizione NL Wrijvingswiel S Friktionsring SF Kitkapyörä

7175		D Zugmittel E Elemento de tracción F Moyen d'entrainement GB Driving element I Elemento di trascinamento NL Aandrijfmiddel S Dragmedium SF Käyttävä elin
7176		D Riemen E Correa F Courroie GB Belt I Cinghia NL Riem S Rem SF Hihna
7177		D Flachriemen E Correa plana F Courroie plate GB Flat belt I Cinghia piatta NL Platte riem S Flatrem SF Lattahihna
7178		D Keilriemen E Correa trapecial F Courroie trapézoïdale GB V-belt I Cinghia trapezoidale NL V-riem S Kilrem SF Kiilahihna
7179		D Breitkeilriemen E Correa trapecial ancha F Courroie trapézoïdale large GB Wide section V-Belt I Cinghia trapezoidale larga NL Brede V-riem S Bredkilrem SF Leveä kiilahihna

7180		D Schmalkeilriemen E Correa trapecial estrecha F Courroie trapézoïdale étroite GB Wedge belt I Cinghia trapezoidale stretta NL Smalle V-riem S Smalkilrem SF Kapea kiilahihna
7181		D Zahnriemen E Correa dentada F Courroie dentée GB Toothed belt I Cinghia a denti NL Vertande riem S Kuggrem SF Hammashihna
7182		D Keilriemenprofil E Perfil de correa trapecial F Profil de courroie trapézoïdale GB V-Belt profile I Profilo della cinghia trapezoidale NL V-riemprofiel S Kilremsprofil SF Kiilahihnan profiili
7183		D Klammer E Abrazadera F Attache GB Mounting clip I Fascetta di fermo NL Verbindingsstuk S Klammer SF Kiristin
7185		D Kette E Cadena F Chaîne GB Chain I Catena NL Ketting S Kedja SF Ketju

7186		D Lamellenkette E Cadena laminada F Cahine à lames GB Laminated toothed chain I Catena a lamelle NL Lamellenketting S Lamellkedja SF Lamelliketju
7187		D Zylinderrollenkette E Cadena de rodillos F Chaîne à rouleaux cylindriques GB Cylindrical roller chain I Catena a rulli cilindrici NL Cylindrische rollenketting S Cylinderrullkedja SF Lieriörullaketju
7188		D Wiegedruckstückkette E Cadena de pivote articulado F Chaine à pivots GB Variator chain I Catena a perni e traversini NL Wiegketting S Vågbultkedja SF Keinuketju
7189		D Ringrollenkette E Cadena de anillos F Chaîne à anneaux GB Ring roller chain I Catena ad anelli NL Ringrollenketting S Ringrullkedja SF Kehärullaketju
7190		D Kettenrad E Rueda de cadena F Pignon de chaîne GB Chain sprocket I Ruota per catena NL Kettingwiel S Kedjehjul SF Ketjupyörä

7191.0		D Anpreßeinrichtung E Mecanismo de presión F Mécanisme de pression GB Pressure device I Dispositivo per la pressione di contatto NL Aandrukmechanisme S Tryckmekanism SF Puristuslaitteisto
7191.1	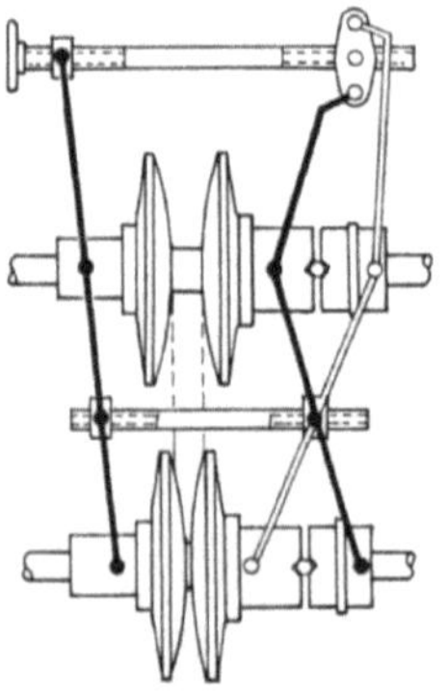	D Drehmomentabhängige Anpreßeinrichtung E Mecanismo de presión dependiente del par F Mécanisme de pression dépendant du couple GB Torque sensitive pressure device I Dispositivo per la pressione di contatto in funzione della coppia NL Aandrukmechanisme afhankelijk van het koppel S Momentberoende tryckmekanism SF Momentista riippuva puristuslaite
7191.2		D Übersetzungsabhängige Anpreßeinrichtung E Mecanismo de presión dependiente de la relación de variación F Mécanisme de pression dépendant du rapport de variation GB Ratio dependent pressure device I Dispositivo per la pressione di contatto in funzione del rapporto di trasmissione NL Aandrukmechanisme afhankelijk van de variatieverhouding S Utväxlingsberoende tryckmekanism SF Välityssuhteesta riippuva puristuslaite
7191.3	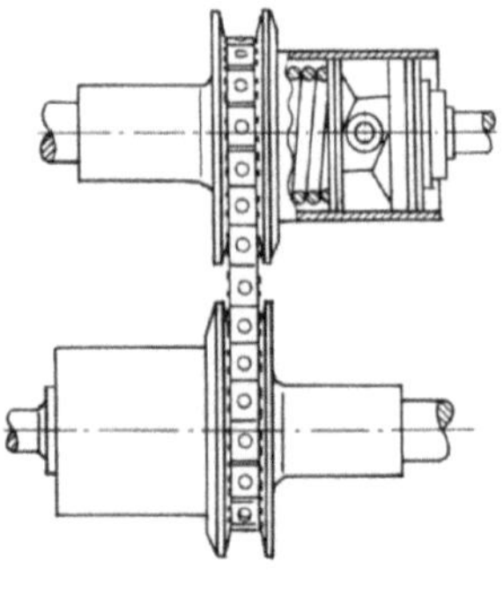	D Drehmoment- und übersetzungsabhängige Anpreßeinrichtung E Mecanismo de presión dependiente del par y de la relación de variación F Mécanisme de pression dépendant du couple et du rapport de variation GB Pressure device depending on torque and variator ratio I Dispositivo per la pressione di contatto in funzione di coppia e rapporto di trasmissione NL Aandrukmechanisme afhankelijk van het koppel en de variatieverhouding S Moment- och utväxlingsberoende tryckmekanism SF Momentista ja välityssuhteesta riippuva puristuslaite

110

7192		D Spanneinrichtung E Husillo tensor F Dispositif de tension GB Tensioner assembly I Tenditore NL Spaninrichting S Spännanordning SF Kiristyslaitteisto
7193		D Kettenspannscheibe E Disco tensor de cadena F Disque tendeur de chaîne GB Chain tensioner disc I Disco tenditore della catena NL Kettingspanschijf S Kedjespännarskiva SF Ketjun kiristyslevy
7194		D Spannhebel E Palanca tensora F Levier tendeur GB Tension lever I Leva del tenditore NL Spanhevel S Spännarm SF Kiristysvipu
7195		D Spannbock E Chasis tensor F Châssis tendeur GB Tensioner frame I Scatola del tenditore NL Spanstuk S Spännbock SF Kiristyspukki
7196		D Anpreßnabe E Cubo de presión F Moyeu de pression GB Pressure ring I Mozzo premente NL Aandruknaaf S Trycknav SF Puristusnapa

7197		D Spannhaken E Gancho de tensión F Crochet de tension GB Tension hook I Gancio di tensione NL Spanhaak S Spännhake SF Kiristyskoukku
7198		D Spannschuh E Zapata de tensión F Patin de tension GB Tension shoe I Pattino del tenditore NL Spanschoen S Spännsko SF Kiristyskenkä
7199		D Verschiebeblock E Zócalo de maniobra F Socle de réglage GB Adjustment yoke I Blocchetto di manovra NL Verstelbaar blok S Manöversockel SF Siirtokappale
7200		D Verlängerung E Alargadera F Rallonge GB Extension I Prolunga NL Verlenging S Förlängning SF Pidennys

7201		D Konsole E Cónsola F Console GB Bracket I Mensola NL Draagsteun S Konsol SF Kannatin
7202		D Träger E Soporte F Support GB Beam I Supporto NL Draagstuk S Fäste SF Kannatin
7203		D Verschiebestück E Pieza de maniobra F Pièce de réglage GB Carrier I Elemento di manovra NL Verstelbaar onderdeel S Manöverstycke SF Siirtokappale
7204		D Klemmstück E Organo de blocaje F Organe de blocage GB Locking device I Elemento di bloccaggio NL Klemstuk S Låsanordning SF Lukituskappale
7205		D Rolle E Rodillo F Galet GB Roller I Rullo NL Rol S Rulle SF Rulla

7206		D Außenrolle E Rodillo exterior F Galet extérieur GB Outer roller I Rullo esterno NL Uitwendige rol S Ytterrulle SF Ulkorulla
7207		D Konusrolle E Rodillo cónico F Galet conique GB Taper roller I Rullo conico NL Konische rol S Konisk rulle SF Kartiorulla
7208		D Lasche E Tirante F Bras d'attache GB Link I Tirante NL Verbindingsstuk S Länk SF Lenkki
7210		D Gabel E Horquilla F Fourchette GB Fork I Forcella NL Vork S Gaffel SF Haarukka
7211		D Schlitten E Carro F Chariot GB Sliding carriage I Slitta NL Slede S Släde SF Johde

7212		D Schwenkzapfen E Eje móvil F Pivot GB Pivot I Perno girevole NL Draaibare tap S Svängtapp SF Tappi
7213		D Druckknopf E Botón pulsador F Bouton poussoir GB Push button I Pulsante a pressione NL Drukknop S Tryckknapp SF Painike
7214		D Schaltstück E Pieza de mando F Pièce d'embrayage GB Shift piece I Elemento di comando NL Schakelstuk S Manöverstycke SF Kytkinkappale
7215		D Nocken E Leva F Came GB Cam I Camma NL Nok S Kam SF Nokka
7216		D Federhalter E Soporte del muelle F Support de ressort GB Spring housing I Portamolla NL Veerhouder S Fjäderhållare SF Jousen pidin

7217		D Federteller E Arandela de apoyo F Rondelle d'appui GB Spring location washer I Rondella di appoggio per molla NL Veerschotel S Fjäderhållarbricka SF Jousen aluslevy
7218		D Wippe E Base basculante F Levier basculant GB Rocker I Bilanciere NL Kipstang S Vippa SF Keinuvipu
7219		D Drucktaster E Calibre de presión F Palpeur de pression GB Pressure sensor I Palpatore a contatto NL Druksensor S Tryckkännare SF Paineanturi
7220		D Gelenkstück E Pieza articulada F Pièce d'articulation GB Cranked link I Articolazione NL Scharnierstuk S Länk SF Nivelkappale
7221		D Schwenkscheibe E Bandeja inclinable F Plateau inclinable GB Swashplate I Supporto di elemento idraulico NL Zwenkstuk S Svängskiva SF Kääntölevy

7222		D Keilbuchse E Casquillo acanalado F Douille cannelée GB Splined bush I Manicotto scanalato NL Gegroefde bus S Bomhylsa SF Uraholkki
7223		D Expander E Dilatador F Extenseur GB Expander I Blocchetto di espansione NL Expansiestuk S Expander SF Paisuva sulkutulppa
7224		D Glocke E Cárter de campana F Lanterne GB Bell housing I Lanternotto NL Klokvormig huis S Kopplingshus SF Kytkinkotelo
7225		D Fliehgewicht E Sobrecarga centrífuga F Masse centrifuge GB Centrifugal weight I Contrappeso centrifugo NL Centrifugaal massa S Centrifugalvikt SF Keskipakomassa
7226		D Gegengewicht E Contrapeso F Contrepoids GB Counter weight I Contrappeso NL Tegengewicht S Motvikt SF Vastapaino

7227		D Waage E Balanza F Balance GB Balance I Bilancia NL Balans S Balans SF Tasapaino
7228		D Faltenbalg E Fuelle F Soufflet GB Flexible I Soffietto NL Vouwbalg S Skyddsbälg SF Palje
7229		D Kulissenstein E Corredera F Coulisseau GB Glide piece I Pattino scorrevole NL Glijblok S Glidblock SF Liukukappale
7230		D Puffer E Amortiguador F Amortisseur GB Damper I Ammortizzatore NL Demper S Buffert SF Puskuri
7231		D Schwingelement E Elemento oscilación F Elément oscillant GB Swing element I Elemento oscillante NL Oscillierend element S Svängelement SF Oskilloiva elementti

7232		D Schwingfeder E Muelle de oscilación F Ressort d'oscillation GB Swing spring I Molla di oscillazione NL Oscillatie veer S Svängfjäder SF Oskillaattorijousi
7233		D Anschlag E Tope F Butée GB Abutment I Arresto NL Aanslag S Anslag SF Pidätin
7234		D Anschlagbolzen E Pernos de parada F Boulons d'arrêt GB Stop bolt I Vite di arresto NL Aanslagbout S Anslagsbult SF Pidätintappi
7235		D Mitnehmer E Arrastrador F Entraîneur GB Driver I Gruppo di trascinamento NL Meenemer S Medbringare SF Myötäpyörittäjä
7236		D Mitnehmerbolzen E Vis de arrastre F Goupille d'entraînement GB Drive pin I Spina di trascinamento NL Meeneempen S Medbringarbult SF Myötäpyörittäjätappi

7237		D Schwinge E Balancín F Balancier GB Swinging arm I Leva oscillante NL Balansarm S Balansarm SF Vipuvarsi
7238		D Führung E Guía F Guidage GB Guide I Guida NL Geleiding S Styrning SF Ohjaus
7239		D Führungsbuchse E Casquillo guía F Douille de guidage GB Guide bush I Bussola di guida NL Geleidingsbus S Styrhylsa SF Ohjausholkki
7240		D Führungsstück E Pieza guia F Pièce de guidage GB Guiding piece I Pezzo di guida NL Geleidingsstuk S Styrstycke SF Ohjauskappale
7242		D Gleitschuhhalterführung E Guía de retención de zapata F Guidage de retenue de patin GB Guide plate I Guida del disco di tenuta dei pistoni scorrevoli NL Geleiding van glijschoenhouder S Glidskohållarstyrning SF Liukukenkäpitimen ohjain

7243		D Kolben mit Gleitschuh E Pistón de zapata F Piston à patin GB Slipper piston I Pistoni scorrevoli NL Plunjer met glijschoen S Kolv med glidsko SF Männät liukukenkineen
7244		D Gleitschuhhalter E Placa de retención F Plaque de retenue des pistons GB Retaining plate I Disco di ritegno dei pistoni NL Glijschoenhouder S Glidskohållare SF Liukukenkäpidin
7245		D Gleitschuhhalterfeder E Resorte de retención F Ressort de rappel GB Retaining spring I Molle di ritegno NL Glijschoenhouderveer S Glidskohållarfjäder SF Liukukenkäpitimen jousi
7246		D Gleitstein E Dedo deslizante F Guidage de glissement GB Guide nut I Blocchetto di scorrimento NL Glijsteen S Glidsten SF Liukukappale
7247		D Gleitringsatz E Arandelas de deslizamiento F Jeu de bagues de glissement GB Slide ring set I Insieme di anelli di scorrimento NL Glijringset S Glidringsats SF Liukurengassarja

7248		D Gleitringhalter E Caja de arandela deslizamiento F Boîtier de bague de glissement Retenue de patin GB Slide ring retainers I Contenitore degli anelli di scorrimento NL Glijringhouder S Glidringhållare SF Liukurenkaan pidin
7249		D Kreuzkopfführungsstange E Guía de cruceta de pistón F Guide de crosse de piston GB Crosshead guide rod I Barra di guida della testa a croce NL Stuurstang van plunjerkruiskop S Korshuvudförarstång SF Ristikappaleen ohjaustanko
7250		D Exzenter E Excéntrica F Excentrique GB Eccentric I Eccentrico NL Excentriek S Excenter SF Epäkesko
7251		D Kurve E Leva F Courbe GB Curve I Curva NL Kurve S Kurva SF Kaari
7252		D Hebel E Palanca F Levier GB Lever I Leva NL Hefboom S Arm SF Vipu

7253	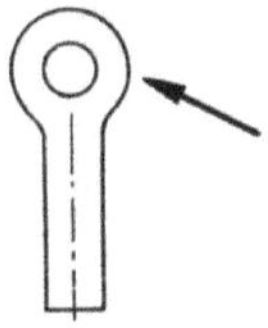	D Gelenkstangenkopf E Cabeza de biela F Tête articulée de tige GB Rod with eye end I Testa dell'asta articolata NL Scharnierende stangoog S Länkstånghuvud SF Niveltangon pää
7254	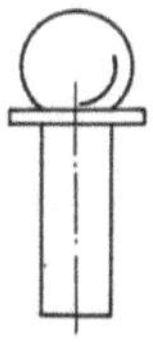	D Kugelkopfbolzen E Perno rótula F Boulon à rotule GB Rod with ball end I Asta a testa sferica NL Kogelkopbout S Kulhuvudbult SF Kuulapäätappi
7255	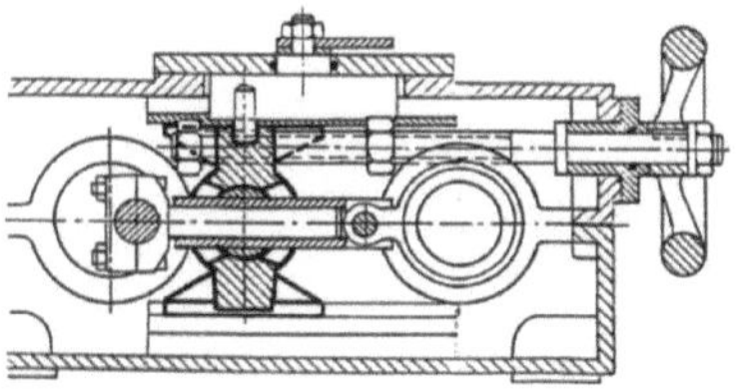	D Kreuzkopf E Cruceta del pistón F Crosse de piston GB Crosshead I Testa a croce NL Plunjerkruiskop S Korshuvud SF Ristikappale
7256	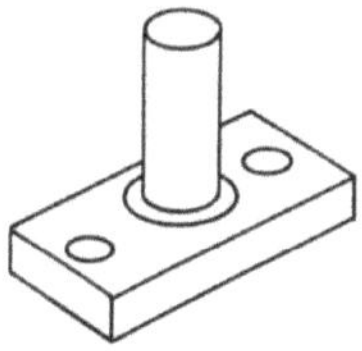	D Traverse E Travesaño F Entretoise GB Traverse I Traversa NL Haaks stelstuk S Tvärstycke SF Poikittaiskappale
7257	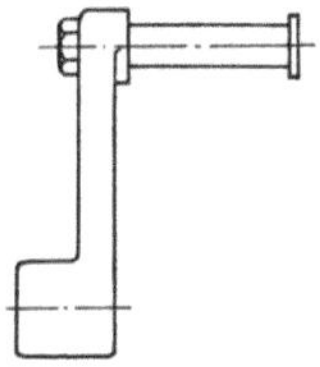	D Kurbel E Cigüeñal/Manivela F Manivelle GB Crank I Manovella NL Kruk S Vev SF Kampi

7258		D Lenker E Vástago de enlace F Tige de liaison GB Connecting link I Biscottino di collegamento NL Verbindingsstang S Förbindningslänk SF Liitinlenkki
7259		D Stellknopf E Botón de reglaje F Bouton de réglage GB Control knob I Bottone regolatore NL Regelknop S Ställknapp SF Säätönappi
7260		D Handrad E Volante a mano F Volant GB Handwheel I Volantino NL Handwiel S Handratt SF Käsipyörä
7261		D Feststellknopf E Botón de cierre F Bouton de verrouillage GB Locking button I Bottone (pomello) di bloccaggio NL Grendelknop S Låsknapp SF Lukitusnappi
7262		D Kugelknopf E Empuñadura F Poignée sphérique GB Knob I Pomello NL Kogelknop S Kulhuvud SF Kuulapää

7263		D Handgriff E Palanca de empuñadura F Poignée GB Handle I Impugnatura NL Handvat S Handtag SF Käsivipu
7264		D Handradeinstellung E Reglaje manual F Réglage manuel par volant GB Handwheel adjustment I Regolatore a mano NL Handwielinstelling S Handrattinställning SF Käsipyöräsäätö
7265		D Feineinstelleinrichtung E Mecanismo de reglaje de precisión F Mécanisme de réglage fin GB Precision adjustment device I Dispositivo di regolazione micrometrica NL Fijnafstellingsmechanisme S Fininställningsmekanism SF Hienosäätölaite
7266		D Elektrohydraulische Verstellung E Reglaje electro-hidráulico F Appareil de réglage électro-hydraulique GB Electro-hydraulic adjustment device I Dispositivo di regolazione elettroidraulica NL Elektro-hydraulische afstelling S Elektro-hydraulisk reglering SF Sähkö-hydraulinen säätölaite
7267		D Regler E Regulador F Régulateur GB Regulator I Regolatore NL Regelaar S Regulator SF Säätäjä

7268		D Fahrautomatik E Mando automático F Conduite autmatique GB Automatic regulator I Sistema autoregolatore NL Stuurautomaat S Styrautomatik SF Ajoautomatiikka
7269		D Fahrmodulator E Mando modulado F Commande à sensibilité variable GB Variable sensitivity control I Comando a modulazione NL Stuurmodulator S Styrmodulator SF Ajomodulaattori
7270		D Fahrregler E Regulador de marcha F Régulateur de marche GB Drive regulator I Regolatore di marcia NL Stuurregelaar S Styrreglering SF Ajosäädin
7271		D Nichtschaltbare Kupplung E Acoplamiento fijo F Accouplement permanent GB Coupling I Accoppiamento permanente NL Vaste koppeling S Koppling, ej urkopplingsbar SF Kytkin, ei irtikytkettävä
7272		D Schaltbare Kupplung E Embrague a rotura F Embrayage GB Clutch I Accompiamento disinnestabile NL Schakelbare koppeling S Koppling, urkopplingsbar SF Kytkin, irtikytkettävä

7273		D Schrägscheibe E Plato inclinado F Plateau incliné GB Angular ring I Disco inclinato NL Gehelde schijf S Vinkelskiva SF Kalteva levy
7274		D Füllstück E Tapón de vaciado F Anneau de remplissage GB Filler ring I Anello di riduzione del volume NL Vulstuk S Reduceringsring SF Vähennyskappale
7280		D Turbine E Turbina F Turbine GB Turbine I Turbina NL Turbine S Turbin SF Turpiini
7281		D Axialturbine E Turbina axial F Turbine axiale GB Axial turbine I Turbina assiale NL Axiale turbine S Axialturbin SF Aksiaaliturpiini
7282		D Turbinenrad E Rueda de la turbina F Roue-turbine GB Turbine wheel I Girante della turbina NL Turbinewiel S Turbinhjul SF Turpiinipyörä

7283		D Turbinenradflansch E Brida de rueda turbina F Bride de roue-turbine GB Turbine wheel flange I Flangia della girante della turbina NL Flens voor turbinewiel S Turbinhjulsfläns SF Turpiinipyörän laippa
7284		D Turbinenradnabe E Cubo de la rueda de la turbina F Moyeu de roue-turbine GB Turbine wheel hub I Mozzo della girante della turbina NL Turbinewielnaaf S Turbinhjulsnav SF Turpiinipyörän napa
7285		D Axialleitrad E Rueda conductora axial F Roue de réaction axiale GB Axial guide wheel I Distributore assiale NL Axiaal geleidingswiel S Axialledhjul SF Aksiaalijohtopyörä
7286		D Radialleitrad E Rueda conductora radial F Roue de réaction radiale GB Radial guide wheel I Distributore radiale NL Radiaal geleidingswiel S Radialledhjul SF Radiaalijohtopyörä
7287		D Leitrad E Rueda conductora F Roue de réaction GB Guide wheel I Distributore NL Geleidingswiel S Ledhjul SF Johtopyörä

7288		D Leitradträger E Estator de reacción F Stator de réaction GB Guide wheel carrier I Supporto del distributore NL Geleidingswieldrager S Ledhjulshållare SF Johtopyörän kannatin
7289		D Regelleitschaufel E Paleta regulable de reacción F Aube réglable de réaction GB Adjustable guide blade I Paletta distributrice regolabile NL Regelbare geleidingsschoep S Reglerbar ledskovel SF Säädettävä johtosiipi
7290		D Leitschaufelregulierung E Dispositivo de regulación F Dispositif de régulation de la roue de réaction GB Guide blade control mechanism I Regolatore per il distributore NL Regeling van de geleidingsschoepen S Ledskovelregleringsmekanism SF Johtosiiven säätölaite
7291		D Leitraddeckel E Tapadera de la rueda fija a paletas de reacción F Couvercle de la roue de réaction GB Guide wheel cover I Coperchio del distributore NL Deksel van het geleidingswiel S Ledhjulslock SF Johtopyörän kansi
7292		D Wandlerschale E Cubierta del convertidor F Enveloppe du convertisseur GB Converter shell I Scudo del convertitore NL Omvormerschelp S Omvandlarhölje SF Muuntimen kuori

7293		D Schale E Cárter F Enveloppe GB Shell I Scudo NL Schelp S Hölje SF Kuori

7294	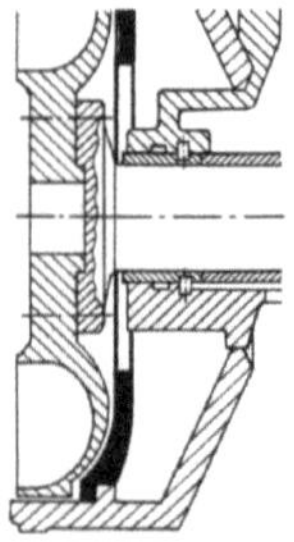	D Zwischenschale E Cárter giratorio interior F Enveloppe intermédiaire GB Intermediate shell I Parte intermedia della carcassa NL Tussenschelp S Mellanhölje SF Välikuori

7295	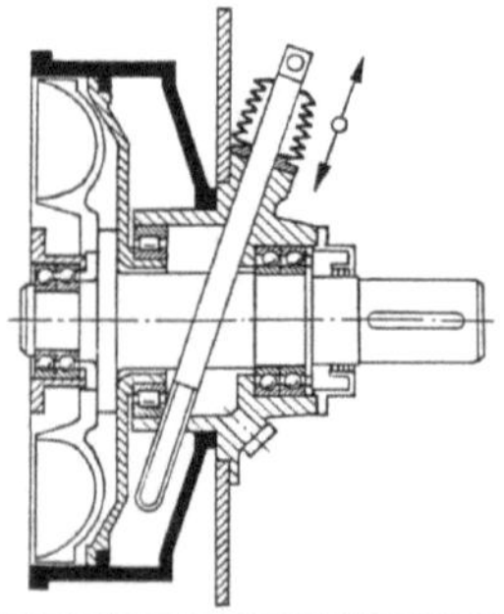	D Äußere Schale E Cárter giratorio exterior F Enveloppe extérieur GB Outer shell I Parte esterna della carcassa NL Uitwendige schelp S Yttre hölje SF Ulkokuori

7296	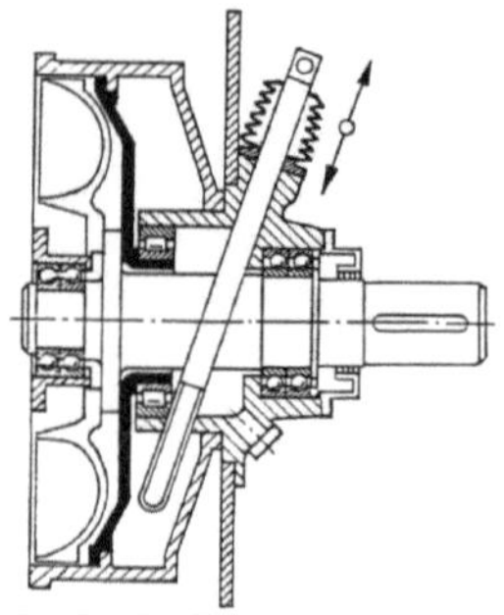	D Innere Schale E Cubierta interior F Enveloppe intérieur GB Inner shell I Parte interna della carcassa NL Inwendige schelp S Inre hölje SF Sisäkuori

7297		D Schaufel E Paleta F Aube GB Blade I Paletta NL Schoep S Skovel SF Siipi

7298		D Schaufelrad E Rueda de paletas F Roue à aubes GB Blade wheel I Girante NL Schoepenwiel S Skovelhjul SF Siipipyörä
7299		D Pumpenrad E Rueda bomba F Roue-pompe GB Impeller I Girante della pompa NL Pompwiel S Pumphjul SF Pumpun pyörä
7300		D Pumpenträger E Soporte de la bomba F Support de pompe GB Pump support (carrier) I Supporto della pompa NL Pompdrager S Pumphållare SF Pumpun kannatin
7301		D Pumpenradnabe E Cubo de la rueda de la bomba F Moyeu de roue-pompe GB Pump wheel hub I Mozzo dell'ingranaggio della pompa NL Naaf van het pompwiel S Pumphjulsnav SF Pumppupyörän napa

7302		D Läufer E Rotor F Rotor GB Rotor I Rotore NL Loopwiel S Rotor SF Roottori
7303		D Innenläufer E Rotor primario F Rotor primaire GB Inner runner I Rotore interno NL Inwendig loopwiel S Inre rotor SF Sisäroottori
7304		D Außenläufer E Rotor secundario F Rotor secondaire GB Outer runner I Rotore esterno NL Uitwendig loopwiel S Yttre rotor SF Ulkoroottori
7305		D Läuferscheibe E Disco del rotor F Disque de rotor GB Rotor disc I Disco del rotore NL Loopwielschijf S Rotorskiva SF Roottorilevy
7306		D Schöpfrohrgehäuse E Cárter repartidor F Carter d'écope GB Scoop tube housing I Carter del tubo di sfiato NL Schephuismantel S Skoprörshus SF Ammennusputken kotelo

7307		D Schöpfrohr E Achicador F Tube d'écope GB Scoop tube I Tubo di sfiato NL Schepbuis S Skoprör SF Ammennusputki
7308		D Verteilerplatte E Placa de distribución F Plaque de distribution GB Distributing plate I Piastra di distribuzione NL Verdeelplaat S Fördelningsplatta SF Jakolevy
7309		D Verteilerrohr E Tubo distribuidor F Tube distributeur GB Distribution tube I Tubo di distribuzione NL Verdeelbuis S Fördelningsrör SF Jakoputki
7310		D Füllpumpe E Bomba de llenado F Pompe de remplissage GB Charge pump I Pompa di riempimento NL Vullingspomp S Fyllpump SF Täyttöpumppu
7311		D Füllrohr E Tubería de llenado F Tube de remplissage GB Filler pipe I Tubo di riempimento NL Vulbuis S Fyllrör SF Täyttöputki

7312		D Schwimmerschalter E Interruptor por flotador F Interrupteur à flotteur GB Ball valve I Interruttore a galleggiante NL Vlotterschakelaar S Flottörbrytare SF Uimurikytkin
7313		D Steuerplatte E Placa de control F Bloc de pilotage (Plaque de pilotage) GB Control plate I Blocco di comando NL Bedieningspaneel S Styrplatta SF Ohjauslevy
7314		D Steuerplatte, elektrische Verstellung E Placa de control eléctrico F Bloc de pilotage à réglage électrique GB Electric control plate I Blocco di comando a regolazione elettrica NL Elektrisch bedieningspaneel S Elektrisk styrpanel SF Ohjauslevy, saähköinen säätö
7315		D Steuerplatte, hydraulische Verstellung E Placa de control hidráulico F Bloc de pilotage à réglage hydraulique GB Hydraulic control plate I Blocco di comando a regolazione idraulica NL Hydraulisch bedieningspaneel S Hydraulisk styrpanel SF Ohjauslevy, hydraulinen säätö
7316		D Steuereinheit E Unidad de mando F Unité de commande GB Control unit I Unità di comando NL Bedieningseenheid S Styrenhet SF Ohjausyksikkö

7318		D Druckscheibe E Disco de avance F Rondelle de pression GB Thrust washer I Disco di spinta NL Drukschijf S Tryckskiva SF Painealuslevy
7319		D Drucktopf E Cámara de baja presión F Chambre sous pression GB Pressure accumulator I Serbatoio sotto pressione NL Drukvat S Tryckackumulator SF Paineakku
7320		D Steuerblock E Unidad de mando F Bloc de pilotage GB Control unit I Unità di comando NL Bedieningsblok S Styrblock SF Ohjausrunkokappale
7321		D Steuerdruckleitung E Tubo del mando a presión F Tuyau de pilotage sous pression GB Control thrust pipe I Tubazione della pressione di manovra NL Bedieningsdrukleiding S Styrtrycksledning SF Ohjauspaineputkisto
7322		D Verstellzylinder E Cilindro graduable F Cylindre réglable GB Adjustable cylinder I Cilindro regolabile NL Regelbare cilinder S Ställcylinder SF Säätösylinteri

7323		D Steuerkolben E Pistón de mando F Piston de commande GB Control piston I Pistone di manovra NL Bedieningsplunjer S Styrkolv SF Ohjausmäntä
7324		D Kolben E Pistón F Piston GB Piston I Pistone NL Plunjer (Zuiger) S Kolv SF Mäntä
7325		D Kolbenträger E Porta pistón F Porte piston GB Piston carrier I Porta pistone NL Plunjermantel S Kolvhållare SF Männän kannatin
7326		D Kolbenbuchse E Manguito del pistón F Chemise de piston GB Cylinder liner I Camicia del pistone NL Plunjervoering S Kolvbussning SF Männän holkki
7327		D Kolbenführung E Guia del pistón F Paroi du cylindre GB Cylinder wall I Guida del pistone NL Cilinderwand S Kolvcylinder SF Sylinterin seinä

7328		D Kolbenfüllung E Cilindrada F Volume interieur du piston GB Piston filling I Volume interno del pistone NL Plunjervulling S Kolvfyllning SF Männän täytös
7329		D Kolbenstange E Varilla del pistón F Tige de piston (Bielle) GB Piston rod I Asta del pistone NL Plunjerstang S Kolvstång SF Männän varsi
7330		D Kolbenring E Aro del pistón F Bague du piston GB Piston ring I Fascia elastica NL Plunjerring S Kolvring SF Männän rengas
7332		D Konstantdruckregler E Regulador de presión constante F Régulateur de pression constante GB Constant pressure control I Regolatore di pressione costante NL Konstante drukregelaar S Konstantrycksventil SF Vakiopainesäätäjä
7333		D Stellglied E Organo regulador F Unité de régulation GB Regulating unit I Gruppo di regolazione NL Regelelement S Ställanordning SF Säätöyksikkö

7334		D Nullhubverstellung E Reglaje de carrera al punto cero F Réglage de la course au point zéro GB Zero regulator I Azzeratore della corsa NL Slagverstelling in het nulpunt S Nollyftinställning SF Nollaiskusäätö
7335		D Nullhubregler E Elemento de reglaje de al carrera al punto cero F Elément de réglage de la course au point zéro GB Regulator zero re-set I Regolatore di azzeramento della corsa NL Slagregelaar in het nulpunt S Reglering för nolläge SF Nollaiskusäätäjä
7336		D Einfachhubmagnet E Magneto para carrera simple F Aimant à simple effet GB Single acting electromagnet I Elettromagnete a semplice effetto NL Eenvoudig hefmagnet S Enkelverkande magnet SF Yksisuuntamagneetti
7337		D Nullhubkolben E Pistón a punto muerto F Piston au point mort GB Zero setting piston I Pistone del gruppo di azzeramento NL Plunjer in het nulpunt (van de slag) S Nollyftkolv SF Tasausmäntä
7338		D Hubbegrenzung E Limitador de carrera F Limitation de course GB Travel limit I Limitazione di corsa NL Slagbegrenzing S Lyftbegränsning SF Iskun rajoitus

7339	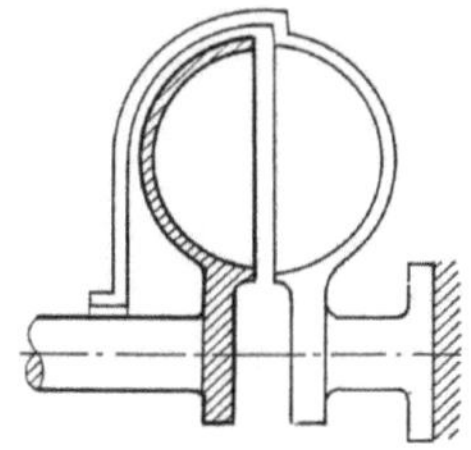	D Rotor E Rotor F Rotor GB Rotor I Rotore NL Rotor S Rotor SF Roottori
7340	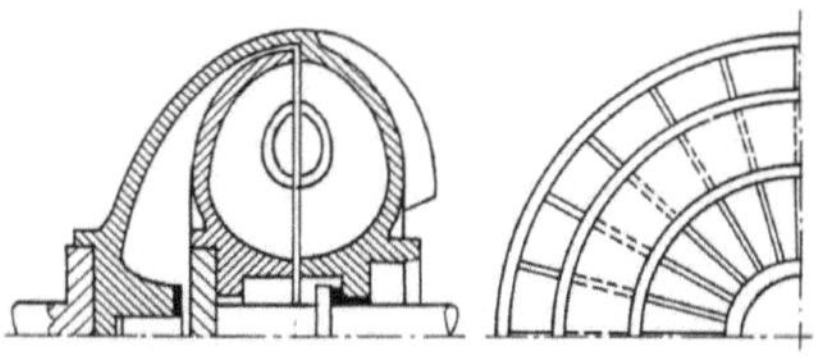	D Kanal E Canal F Canal GB Duct I Canale NL Kanaal S Kanal SF Kanava
7341	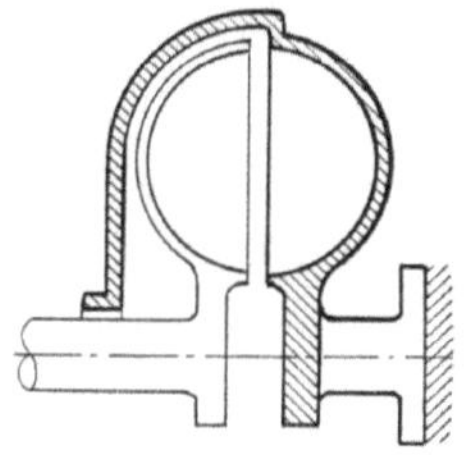	D Stator E Estátor F Stator GB Stator I Statore NL Stator S Stator SF Staatori
7342	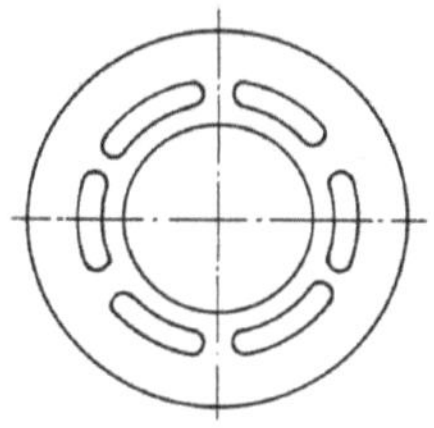	D Ventilplatte E Válvula plana F Plaquette de soupapes de distribution GB Valve plate I Blocco portavalvole NL Ventielplaat S Ventilplatta SF Venttiililevy
7343	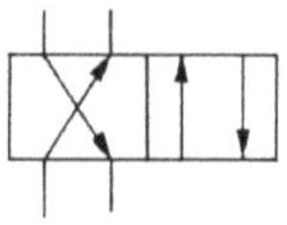	D Wegeventil E Válvula de varias salidas F Distributeur GB Valve I Valvola a più vie NL Verdeelventiel S Vägventil SF Tieventtiili

7344		D Ventilblock E Bloque de válvulas F Bloc de distribution GB Valve block I Gruppo valvole NL Ventielblok S Ventilblock SF Venttiilin runko
7345		D Servoträger E Soporte del servoestato F Support de servostat GB Servo-carrier I Supporto del servocomando NL Drager van het bedieningsautomaat S Servohållare SF Servokannatin
7346		D Servozylinder E Servocilindro F Servo cylindre GB Servo cylinder I Cilindro ausiliario NL Servocilinder S Servocylinder SF Servosylinteri
7347		D Servohülse E Dolla del servo F Corps du distributeur GB Servo-sleeve I Corpo del distributore NL Servohuls S Servohylsa SF Servoholkki
7348		D Servokolben E Servopistón F Servopiston GB Servo-piston I Servopistone NL Servoplunjer S Servokolv SF Servomäntä

7349		D Zylinderblock E Bloque del cilindro F Bloc cylindre GB Cylinder block I Blocco del cilindro NL Cilinderblok S Cylinderblock SF Sylinterirunko
7350		D Zylinder E Caja del cilindro F Boîtier du cylindre GB Cylinder I Cilindro NL Cilinder S Cylinder SF Sylinteri
7351		D Zylinderboden E Base del cilindro F Base du cylindre GB Cylinder bottom I Fondo del cilindro NL Cilinderbodem S Cylinderbotten SF Sylinterin pohja
7352		D Zylinderblockfeder E Resorte del bloque del cilindro F Ressort du bloc cylindre GB Cylinder block spring I Molla del blocco cilindro NL Cilinderblokveer S Cylinderblocksfjäder SF Sylinterirungon jousi
7353		D Zylinderdeckel E Tapa del cilindro F Chapeau du cylindre GB Cylinder cover I Coperchio del cilindro NL Cilinderkop S Cylinderlock SF Sylinterin kansi

7355		D Blockzylinder-Einbausatz E Conjunto cilindro y pistón F Ensemble bloc cylindre et piston GB Cylinder assembly I Insieme del cilindro NL Inbouwset van blokcilinder S Cylinderblock-Inbyggnadssats SF Sylinterin asennussarja
7356		D Sperrkolben E Pistón del freno F Piston de freinage GB Brake valve piston I Pistone di intercettazione NL Remplunjer S Spärrkolv SF Sulkumäntä
7357		D Sperrbremsventil E Válvula del freno F Soupape de freinage GB Brake valve I Valvola di intercettazione NL Remventiel S Spärrbromsventil SF Sulkuventtiili
7358		D Düse E Pulverizador F Gicleur GB Nozzle I Ugello NL Spruitstuk S Munstycke SF Suutin
7359		D Schieber E Válvula deslizante F Tiroir GB Slide valve I Chiavistello di serraggio NL Schuif S Skjutventil SF Luisti

7360		D Drehschieber E Distribuidor a válvula rotatorio F Distributeur rotatif à boisseau GB Rotary distribution valve I Saracinesca rotante NL Axiaal verdeelventiel S Skjutventil SF Työntöventtiili

7360

- D Drehschieber
- E Distribuidor a válvula rotatorio
- F Distributeur rotatif à boisseau
- GB Rotary distribution valve
- I Saracinesca rotante
- NL Axiaal verdeelventiel
- S Skjutventil
- SF Työntöventtiili

7362

- D Stößel
- E Pulsador
- F Poussoir
- GB Tappet
- I Asta di spinta (punteria)
- NL Duwstang
- S Stötstång
- SF Työnnin

7363

- D SAE-Flansch-Sammelblock
- E Bloque de montaje
- F Embase de montage
- GB Valve manifold
- I Panello di montaggio con gruppo SAE
- NL SAE-montage flensblok
- S SAE-fläns-Samlingsblock
- SF SAE-laippa-sarjaryhmä

7364

- D Überlagerungsdruck
- E Presión por sobreposición
- F Pression par superposition
- GB Pressure overlap
- I Sovrapressione
- NL Overlappingsdruk
- S Överlappande tryck
- SF Interferenssipaine

7365

- D Drossel
- E Estrangulador
- F Etrangleur
- GB Throttle
- I Valvola a farfalla
- NL Smoororgaan
- S Strypning
- SF Kuristin

7366		D Diffusor E Difusor F Diffuseur GB Diffuser I Diffusore NL Verstrooier S Diffusor SF Hajoitin
7368		D Spritzscheibe E Deflector F Déflecteur GB Deflector I Deflettore NL Deflector S Spridningsskiva SF Roiskelevy
7369		D Schmierpumpe E Bomba de lubricación F Pompe de lubrification GB Lubrification pump I Pompa di lubrificazione NL Smeerpomp S Smörjpump SF Voitelupumppu
7370		D Zahnradgehäuse E Caja de engranajes F Carter d'engrenages GB Gear case I Cassa degli ingranaggi NL Tandwielhuis S Växelhus SF Hammaspyöräkotelo
7371		D Zwischengehäuse E Cárter intermedio F Carter intermédiaire GB Adaptor housing I Carter intermedio NL Tussenhuis S Mellanhus SF Välikotelo

7372		D Gehäuseteil E Caja de alojamiento F Partie du carter GB Casing part I Sezione del carter NL Deel van het huis S Husdel SF Kotelon osa
7373		D Planetengehäuse E Caja de planetarios F Carter de planétaires GB Planetary gear case I Scatola del planetari NL Huis van satelieten S Planethus SF Planeettakotelo
7374		D Spindelgehäuse E Alojamiento del eje F Carter de broche GB Spindle casing I Alloggiamento dell'albero NL Spilmantel S Spindelhus SF Karan kotelo
7375		D Spiralgehäuse E Cárter espiral F Carter spiral GB Spiral housing I Carter a spirale NL Spiraalvormig huis S Spiralhus SF Spiraalin kotelo
7376		D Federgehäuse E Alojamiento del resorte F Gaine de ressort GB Spring housing I Alloggiamento della molla NL Veermantel S Fjäderhus SF Jousikotelo

7377		D Pumpengehäuse E Cárter de bomba F Carter de pompe GB Pump housing I Corpo della pompa NL Pompmantel S Pumphus SF Pumpun pesä
7378		D Zahnradpumpengehäuse E Cárter de bomba de engranajes F Corps de pompe à engrenage GB Gear pump housing I Corpo della pompa ad ingranaggi NL Tandwielpomplichaam S Hus för kugghjulspump SF Hammaspyöräpumpun kotelo
7379		D Steuergehäuse E Caja de mando F Boîtier de commande GB Control housing I Scatola di comando NL Stuurhuis S Hus för styrning SF Ohjauskotelo
7380		D Spiralscheibengehäuse E Caja de discos en espiral F Carter en spirale GB Spiral housing I Carter della coppia elicoidale NL Spiraalvormig schijvenhuis S Spiralskivhus SF Spiraalimainen kotelo
7381		D Gehäusesatz E Grupo de cárters F Jeu de carters GB Housing set I Serie di carter NL Huizenstel S Hussats SF Kotelosarja

7382		D Getriebegehäuse E Caja F Carter GB Housing I Scatola NL Huis . . . S Växelhus SF Hammasvaihteen kotelo
7383		D Wandlergehäuse E Cárter de convertidor F Carter de convertisseur GB Converter housing I Carcassa del convertitore NL Huis van omvormer S Omvandlarhus SF Muuntimen kotelo
7384		D Anbaugehäuse E Caja modular F Carter modulaire GB Modular housing I Carter modulare NL Aanbouwhuis S Påbyggnadshus SF Kiinnityskotelo
7385		D Verstellgehäuse E Caja regulable F Carter du dispositif de réglage GB Adjusting housing I Carter del gruppo di regolazione NL Huis van het afstelmechanisme S Hus för ställanordning SF Säätökotelo
7386		D Flanschgehäuse E Caja con brida F Carter flasque-bride GB Flange mounting housing I Alloggiamento con flangia NL Huis met flensbevestiging S Hus för flänsmontering SF Laippakotelo

7387		D Fußgehäuse E Caja con patas de anclaje F Carter à pattes de connexion GB Foot mounting housing I Carter con orecchioni di ancorraggio NL Huis met voetbevestiging S Hus för fotmontering SF Jalkakotelo
7388		D Endgehäuse E Culata F Culasse GB End cap I Parte terminale del corpo NL Stootsbodem S Yttre hus SF Päätykotelo
7389		D Grundgehäuse E Caja de base F Carter de base GB Basic case I Basamento NL Basishuis S Husstomme SF Peruskotelo
7390		D Druckgehäuse E Caja de presión F Boîte de pression GB Pressure box I Carter di tenuta NL Drukvat S Tryckhus SF Painekotelo
7391		D Gehäusedeckel E Tapa de cárter F Couvercle de carter GB Housing cover I Coperchio del carter NL Huisdeksel S Växelhuslock SF Vaihdekotelon kansi

7392		D Abschlußdeckel E Tapa de cierre F Couvercle de fermeture GB End cover I Coperchio di tenuta NL Afsluitdeksel S Täcklock SF Päätykansi
7394		D Seitenwand E Placa lateral F Paroi latérale GB Side wall I Parete laterale NL Zijwand S Sidovägg SF Sivuseinä
7395		D Trennwand E Pared de separación F Cloison GB Web I Parete di separazione NL Scheidingswand S Vägg SF Seinä
7396		D Fuß E Pie F Pied GB Foot I Base di appoggio NL Voet S Fot SF Jalka
7397		D Wandlerdeckel E Tapa de convertidor F Couvercle de convertisseur GB Converter cover I Coperchio del convertitore NL Omvormerdeksel S Omvandlarlock SF Muuntimen kansi

7398		D Gehäuseentlüftung E Válvula de escape F Aération du carter GB Case breather I Sfiatatoio NL Huisontluchting S Husavluftning SF Kotelon huohotin
7399		D Entlüftungsschraube E Tornillo de aireación F Vis d'aération GB Breather screw I Vite di spurgo dell'aria NL Ontluchtningsschroef S Avluftningsskruv SF Huohotinruuvi
7400		D Verschraubung E Racor F Assemblage à vis GB Screw connection I Collegamento a vite NL Schroefverbinding S Skruvförband SF Ruuviliitos
7401		D Gewindestift E Clavija roscada F Goupille filetée GB Grub screw I Prigioniero NL Schroefstift S Gängat stift SF Kierresokka

7402		D Klemmschraube E Tornillo de presión F Vis de blocage GB Pinch bolt I Vite di bloccaggio NL Klemschroef S Klämskruv SF Kiristysruuvi
7403		D Stellschraube E Tornillo de reglaje F Vis de réglage GB Height adjustment I Vite di registrazione NL Stelschroef S Ställskruv SF Asetusruuvi
7404		D Anschlagschraube E Tornillo de paro F Vis d'arrêt GB Stop screw I Vite di arresto NL Aanslagschroef S Stoppskruv SF Pidätysruuvi
7405		D Dehnschraube E Tornillo de dilatación F Vis de dilatation GB Necked-down screw I Prolunga filettata NL Dilatatieschroef S Pinnskruv SF Esijännitysruuvi
7406		D Spannhebelschraube E Tornillo de palanca tensora F Vis du levier tendeur GB Mounting peg I Vite della leva del tenditore NL Spanhevelschroef S Spännarmskruv SF Siirtotangon asetusruuvi

7407	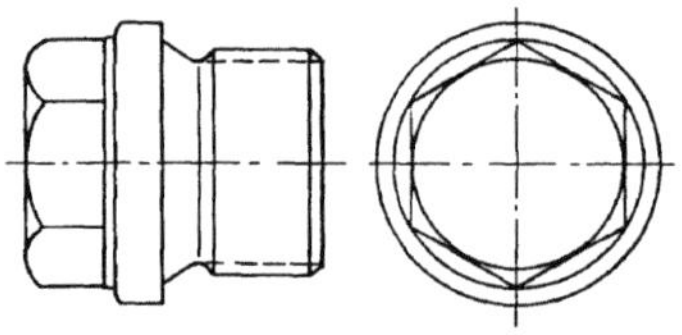	D Verschlußschraube E Tapón roscado F Bouchon fileté d'obturation GB Hexagon head plug I Tappo filettato NL Schroefdop S Sexkantplugg SF Kuusiotulppa
7408	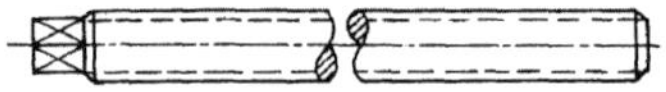	D Gewindespindel D Husillo roscado F Broche filetée GB Threaded spindle I Asta filettata NL Schroefspil S Gängad stång SF Kierrekara
7409	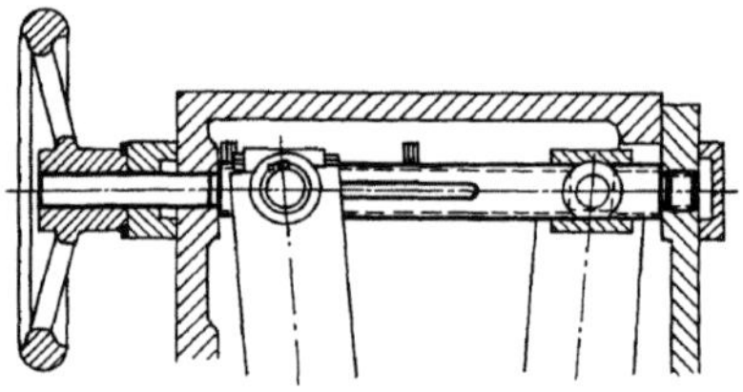	D Stellspindel E Vástrago de reglaje F Tige de réglage GB Control screw I Anello di regolazione NL Stelspil S Ställskruv SF Asettelukara
7411		D Stellungsanzeiger E Indice de posicionamiento F Indicateur de position GB Dial indicator I Indice di posizione NL Standaanwijzer S Inställningsvisare SF Asennon osoitin
7412		D Zeiger E Indicador F Aiguille GB Indicator I Indice NL Wijzer S Visare SF Osoitin

7413		D Skala E Escala F Cadran GB Scale I Scala graduata NL Schaal S Skala SF Asteikko
7415		D Überwurfmutter E Tuerca de racor F Ecrou de raccord GB Tube connection nut I Dado di raccordo NL Pijpmoer S Rörmutter SF Putkimutteri
7416		D Vorspannmutter E Tuerca de precarga F Ecrou de précharge GB Preloading nut I Dado di preserraggio NL Vóórspanmoer S Förspänningsmutter SF Esikuormitusmutteri
7417		D Nachspannmutter E Tuerca de reajuste F Ecrou de rattrapage de jeu GB Readjustment nut I Dado di recupero del gioco NL Naspanmoer S Efterspänningsmutter SF Asetusmutteri
7418		D Laufradmutter E Tuerca de la rueda a paletas F Ecrou de roue à aubes GB Impeller nut I Dado di bloccaggio della girante NL Loopwielmoer S Löphjulsmutter SF Pyörijän mutteri

7419		D Stellmutter E Tuerca de reglaje F Ecrou de réglage GB Regulation nut I Dado di regolazione NL Stelmoer S Ställmutter SF Säätömutteri
7420		D Spindelmutter E Tuerca roscada F Ecrou de manoeuvre GB Spindle guide nut I Madrevite per asta filettata NL Draadspilmoer S Ställskruvmutter SF Karamutteri
7421		D Dichtmutter E Tuerca de estanquidad F Ecrou d'étanchéité GB Sealing nut I Dado di tenuta NL Dichtingsmoer S Tätningsmutter SF Tiivistysmutteri
7425		D Sprengring E Arandela elástica F Anneau élastique GB Snap ring I Anello ad espansione NL Spanring S Låsring SF Varmistin
7426		D Verdrehsicherung E Abrazadera de blocaje F Collier de serrage GB Locking device I Collare di bloccaggio NL Torsiebeveiliging S Vridsäkring SF Pyörimisvarmistin

7427		D Sicherungsschraube E Tornillo de seguridad F Vis de sûreté GB Locking bolt I Vite di sicurezza NL Veiligsheidsschroef S Låsskruv SF Lukitusruuvi
7428		D Schmelzsicherungsschraube E Tapón fusible F Bouchon fusible de sécurité GB Fusible plug I Tappo fusibile di sicurezza NL Smeltveiligheidsschroef S Smältsäkringsskruv SF Ylikuumenemistulppa
7430		D Feder E Resorte F Ressort GB Spring I Molla NL Veer S Fjäder SF Jousi
7431		D Druckfeder E Resorte de compresión F Ressort de pression GB Compression spring I Molla a compressione NL Drukveer S Tryckfjäder SF Puristuskierrejousi
7432		D Zugfeder E Resorte de tracción F Ressort de traction GB Tension spring I Molla a trazione NL Trekveer S Dragfjader SF Vetokierrejousi

7433		D Tellerfeder E Resorte de disco F Rondelle «Belleville» GB Disc spring I Molla a tazza NL Schijfveer S Tallriksfjäder SF Lautasjousi
7434		D Tellerfederpaket E Caja del resorte a discos F Empilage de rondelles «Belleville» GB Disc spring pack I Molla a tazza serrata a pacco NL Schijfverenkooi S Tallriksfjäderpaket SF Lautasjousipaketti
7435		D Drehfeder E Resorte de torsión F Ressort de torsion GB Torsion spring I Molla di torsione NL Torsieveer S Torsionsfjäder SF Vääntökierrejousi
7440		D Zylinderkerbstift E Pasador estriado con espiga cilíndrica F Goupille cylindrique cannelée GB Parallel groove cotter pin I Spina cilindrica con intagli longitudinali NL Cilindrische gegroefde pen S Räfflad pinne SF Lieriömäinen uritettu sokka
7441		D Kegelkerbstift E Pasador cónico estriado F Goupille conique cannelée GB Taper groove cotter pin I Spina conica con intagli longitudinali NL Konische gegroefde pen S Konisk räfflad pinne SF Kartiomainen uritettu sokka

7442		D Halbrundkerbnagel E Remache redondo estriado F Goupille cannelée à tête ronde GB Half round head locking pin I Ribattino a testa tonda a intagli NL Bolkopkerfpen S Räfflad nit med halvrunt huvud SF Kupukantaurasokka
7443		D Senkkerbnagel E Remache avellanado estriado F Goupille cannelée à tête noyée GB Grooved countersunk rivet I Ribattino a testa piatta a intagli NL Kerfpen met verzonken kop S Räfflad nit med försänkt huvud SF Uppokantaurasokka
7444		D Spannstift E Pasador cilíndrico abierto F Goupille fendue GB Roll pin I Spina elastica NL Spanstift S Styrpinne SF Jousisokka
7445		D Bolzen E Pasador cilíndrico F Goujon GB Dowel pin I Spina cilindrica NL Pen S Pinne SF Lieriösokka
7446	d_{k5}	D Paßbolzen E Pasador rectificado F Goujon rectifié GB Fitted pin I Spina calibrata NL Paspen S Passpinne SF Sovitesokka

7447		D Einnietbolzen E Pasador remachado F Goupille GB Rivet pin I Perno chiodato NL Klinkpen S Nitpinne SF Niitti
7450		D Büchse E Casquillo ciego F Douille GB End cap I Bussola cieca NL Bus S Hylsa SF Kuppi
7451		D Ölnebelschmierung E Lubricación por neblina de aceite F Graissage par brouillard d'huile GB Oil mist lubrication I Lubrificazione a nebbia d'olio NL Olienevelsmering S Dimsmörjning SF Sumuvoitelu
7452		D Ölschleuderring E Anillo de proyección de aceite F Anneau de centrifugation d'huile GB Oil centrifugal ring I Anello per centrifugazione dell'olio NL Centrifugale oliesmeerring S Oljesmörjring SF Öljyn heittorengas
7453		D Rundschnurring E Junta tórica F Joint circulaire GB Sealing ring I Guarnizione circolare NL Cilindrische afdichtring S Tätring SF Tiiviste

7454		D Ölwanne E Depósito de aceite F Carter d'huile GB Oil sump I Coppa dell'olio NL Oliepan S Oljetråg SF Öljytila
7455		D Blasenspeicher E Acumulador hidráulico F Accumulateur hydraulique GB Hydraulic accumulator I Accumulatore idraulico NL Hydraulische accumulator S Hydraulisk ackumulator SF Paineakku
7456		D Wechselfilter E Filtro de recambio F Filtre de rechange GB Spare filter I Filtro a cartuccia NL Wisselfilter S Växelfilter SF Vaihtosuodatin
7457		D Leitungsfilter E Tubo filtrante F Tuyau filtrant GB Pipe filter I Filtro tubolare NL Pijpfilter S Rörfilter SF Putkisuodatin
7458		D Sieb E Tamiz F Tamis GB Sieve strainer I Reticella del filtro NL Zeef S Sil SF Siivilä

7459		D Entlüftungsfilter E Válvula de escape (Aireación) F Filtre à air GB Breather filter I Valvola di sfiato NL Ontluchtingsfilter S Avluftningsfilter SF Poistoilman suodatin
7460		D Einfüll- und Belüftungsfilter E Filtro de relleno y ventilación F Filtre de remplissage et d'aération GB Filler and breather I Filtro di riempimento e sfiato NL Vul- en verluchtingsfilter S Påfyllnings- och luftningsfilter SF Täyttö- ja huohotinsuodatin
7461		D Ölstandsanzeiger E Indicador de nivel de aceite F Indicateur de niveau d'huile GB Oil sight gauge I Indicatore livello olio NL Oliepeilaanwijzer S Oljeståndsvisare SF Öljynkorkeuden osoitin
7462		D Dichtring E Junta de estanquidad F Joint d'étanchéité GB Gasket I Anello di tenuta NL Afdichtring S Tätring SF Tiivisterengas
7463		D Axialdichtring E Junta axial F Joint axial GB Axial seal I Anello di tenuta assiale NL Axiale afdichtring S Axialtätring SF Aksiaalitiiviste

7464		D Radialdichtring E Junta radial F Joint radial GB Radial seal I Anello di tenuta radiale NL Radiale afdichtring S Radialtätring SF Säteistiiviste
7466		D Wellendichtung E Junta para ejes/Retén de aceite F Joint d'arbre GB Shaft seal I Guarnizione di tenuta degli assi NL Asdichting S Axeltätring SF Akselitiiviste
7467		D Quadring E Junta de cuatro lóbulos F Joint à quatre lobes GB Four lobe cylinder seal I Guarnizione con profilo quadrato NL Vierlobbige dichting S 4-kanttätring SF Neliömäinen tiiviste
7468		D Lippenring E Junta de labios F Joint à lèvres GB Lip seal I Guarnizione con profilo a becco NL Lippenring S Läpptätring SF Huulitiiviste
7469		D V-Ring E Junta V F Joint à frottement axial GB V-ring I Guarnizione con profilo a V NL V-ring S V-ring SF V-rengas

7470		D Flachdichtung E Junta circular F Joint plat circulaire GB Seal packing I Guarnizione piatta NL Vlakke afdichting S Plantätning SF Tiivistealuslevy
7471		D Gleitringdichtung E Junta deslizante F Joint glissant GB Rotary shaft joint I Guarnizione a tenuta dell'anello di scorrimento NL Glijringafdichting S Glidringstätning SF Liukurengastiiviste
7472		D Gehäusedichtung E Junta plana F Joint de carter GB Housing seal I Guarnizione del corpo NL Huisdichting S Hustätning SF Kotelon tiiviste
7473		D Dichteinsatz E Conjunto de estanquidad F Ensemble d'étanchéité GB Seal assembly I Insieme di guarnizioni NL Dichtringset S Tätningssats SF Tiivistesarja
7474		D Manschette E Manguito F Manchette GB Seal washer I Manicotto NL Manchet S Krage SF Kaulustiiviste

7475		D Hutmanschette E Manguito de sombrerete F Manchette à chapeau GB Stem seal I Manicotto a cappello (flangiato) NL Hoedmof S Hattkrage SF Hattukaulustiiviste
7476		D Dichtungsfeder E Resorte indicador de junta F Ressort de rappel du joint GB Seal spring I Molla di richiamo della guarnizione NL Afdichtingsveer S Tätningsfjäder SF Tiivisteen jousi
7477		D Stopfbuchse E Prensaestopas F Presse-garniture GB Stuffing box I Bussola premistoppa NL Stopbus S Packbox SF Poksitiivisteen holkki
7478		D Stopfbuchsenfüllung E Funda del prensaestopas F Garniture du presse-garniture GB Gland packing I Materiale di riempimento della scatola premistoppa NL Stopbusvulling S Glandpackning SF Poksitiivistemateriaali
7479		D Öldurchführung E Llegada de aceite F Arrivée d'huile GB Oil feeder pipe I Tubazione d'arrivo dell'olio NL Oliestroombuis S Smörjrör SF Öljyn läpivienti

7480		D Schlauch E Tubo flexible F Tube flexible GB Flexible pipe I Tubo flessibile NL Slang S Slang SF Letku
7481		D Schlauchverbindung E Racor de tubo flexible F Raccord de tube flexible GB Flexible pipe connection I Raccordo per tubo flessibile NL Slangverbinding S Slangförbindning SF Letkuliitin
7482		D Übergangsstück E Doble conexión F Mamelon double GB Double male connector I Raccordo per connessione doppia NL Aansluitstuk S Dubbelnippel SF Liitoskappale
7483		D Stopfen E Tapón F Bouchon GB Plug I Tappo NL Dop S Plugg SF Tulppa
7484		D Winkelstück E Racor acodado F Raccord coudé GB Elbow I Raccordo a gomito NL Elleboog S Vinkelförbindning SF Kulmakappale

7485		D Reduzierhülse E Casquillo de reducción F Douille de réduction GB Pipe reduction I Manicotto di riduzione NL Verloophuls S Reduceringshylsa SF Vähennyskappale
7486		D Einstellbarer T-Anschlußstutzen E Racor en T regulable F Raccord en T réglable GB Screwed T-socket I Raccordo regolabile a T NL Instelbare T-verbinding S T-förbindningsstycke SF Säädettävä-T-kappale
7487		D Einschraubstutzen E Manguito de rosca F Raccord à bague biconique GB Male/female connector I Manicotto a filettatura interna ed esterna NL Aansluitkegelnippel S Nippel med kona och rak gänga SF Putkiliitin
7488		D Kernstopfen E Tapón nuclear F Bouchon fileté GB Core plug I Tappo filettato NL Kernstop S Kärnstopp SF Tulppa
7489		D Sperrstopfen E Pastilla F Pastille d'arrêt GB Locking ring I Anello di fermo NL Blokkeerring S Stoppring SF Lukkotulppa

7490		D Absperrhahn E Espita de interrupción F Robinet de fermeture GB Stop valve I Rubinetto d'arresto NL Sluitkraan S Kranventil SF Hana
7500		D Zähigkeit, dynamische E Viscosidad dinámica F Viscosité dynamique GB Dynamic viscosity I Viscosità dinamica NL Dynamische viskositeit S Dynamisk viskositet SF Dynaaminen viskositeetti
7501		D Zähigkeit, kinematische E Viscosidad cinemática F Viscosité cinématique GB Kinematic viscosity I Viscosità cinematica NL Kinematische viskositeit S Kinematisk viskositet SF Kinemaattinen viskositeetti
7502		D Mengenmesser E Caudalimetro F Débitmètre GB Volumeter I Misuratore di portata NL Debietmeter S Flödesmätare SF Virtausmittari

7503		D Heizung E Calentamiento F Chauffage GB Heating I Riscaldamento NL Verwarming S Värme SF Kuumennus
7504		D Heizspirale E Resistencia de calentamiento F Spirale de chauffage GB Heating element I Resistenza per riscaldamento NL Warmtespiraal S Värmespiral SF Kuumennuskierukka
7505		D Patronen-Heizkörper E Termo resistencia F Canne de chauffage GB Cartridge heater I Candela di riscaldamento NL Opwarmerpatroon S Värmepatron SF Kuumennuselementti
7506		D Wärmetauscher E Intercambiador de calor F Echangeur de chaleur GB Heat exchanger I Scambiatore di calore NL Warmtewisselaar S Värmeväxlare SF Lämmönvaihdin
7507		D Ringkühler E Circuito de enfriamiento F Circuit de refroidissement GB Ring pipe cooler I Circuito anulare di raffreddamento NL Ringkoeler S Ringkylare SF Ripaputkijäähdytin

7508		D Kühlstrom E Flujo de enfriamiento F Flux de refroidissement GB Cooling flow I Flusso refrigerante NL Koelstroom S Kylarflöde SF Jäähdytysvirta
7509		D Kühlfüssigkeit E Líquido refrigerante F Liquide réfrigérant GB Refrigerant I Liquido refrigerante NL Koelvloeistof S Kylmedel SF Jäähdytysneste
7510		D Lüfterrad E Rueda de ventilador F Roue de ventilation GB Fan wheel I Girante di ventilazione NL Ventilatiewiel S Fläkthjul SF Tuuletin
7512		D Lüfterhaube E Campana de ventilación F Hotte de ventilation GB Fan cover I Cuffia di ventilazione NL Ventilatieschacht S Fläktkåpa SF Tuulettimen suojus
7513		D Lüftungsblech E Rejilla de ventilación F Grille de ventilation GB Ventilation grill I Griglia di aerazione (presa d'aria NL Ventilatierooster S Fläktgaller SF Ilmanvaihtoritilä

7514		D Temperaturregler E Termostato F Thermostat GB Thermostat I Termostato NL Temperatuurregelaar S Termostat SF Termostaatti
7520		D Lagerungen und Zubehör E Cojinetes y accesorios F Paliers et accessoires GB Bearings and acessories I Cuscinetti ed accessori NL Lagers en toebehoren S Lager och tillbehör SF Laakerointi
7521		D Sinterlager E Cojinete sinterizado F Palier fritté GB Sintered bearing I Cuscinetto sinterizzato NL Gesinterd lager S Sintrat lager SF Sintrattu laakeri
7523		D Zeigerzahnradlager E Cojinete de la aguja del limbo F Palier de l'aiguille de l'indicateur GB Indicator wheel bearing I Cuscinetto sull'asse dell'indice della corona graduata NL Lager van het wijzerwiel S Lager för visarhjul SF Osoitinpyörän laakeri
7524		D Lagerflansch E Brida del cojinete F Bride de palier GB Bearing flange I Flangia del cuscinetto NL Lagerflens S Lagerfläns SF Laakerilaippa

7525		D Lagerbock E Soporte del cojinete F Support de palier GB Bearing pedestal I Supporto del cuscinetto NL Lagerblok S Lagerbock SF Laakeripukki
7526		D Lagerplatte E Placa soporte del cojinete F Plaque support de palier GB Bearing plate I Piastra di supporto del cuscinetto NL Lagerplaat S Lagerplatta SF Laakerilevy
7527		D Lagerstützring E Brida de emplazamiento del cojinete F Bride de logement de roulement GB Bearing supporting ring I Anello di spinta per cuscinetto NL Lagerdraagring S Stödring för lager SF Laakerin tukirengas
7528		D Kugellagerausgleichsscheibe E Anillo de compensción para rodamiento de bolas F Rondelle élastique pour roulement à billes GB Ball bearing shim I Anello di compensazione per cuscinetti a sfera NL Kompensatieschijf voor kogellager S Distansring för kullager SF Kuulalaakerin välirengas
7529		D Gleitlagerbuchse E Manguito del cojinete liso F Manchon de palier lisse GB Linear bearing bushing I Bussola del cuscinetto di strisciamento NL Glijlagerbus S Glidlagerbussning SF Liukulaakeriholkki

7530		D Gleitbuchse E Casquillo de deslizamiento F Douille de glissement GB Sliding bush I Boccola di strisciamento NL Glijbus S Glidbussning SF Liukuholkki
7531		D Gleitring E Anillo de deslizamiento F Bague de glissement GB Sliding ring I Anello di strisciamento NL Glijring S Glidring SF Liukurengas
7532		D Lagerring E Anillo del cojinete F Bague de palier GB Bearing journal I Anello di cuscinetto NL Lagerring S Lagerring SF Laakerirengas
7533		D Nadelkäfig E Jaula de agujas F Cage pour aiguilles GB Needle cage I Gabbia ad aghi NL Naaldkooi S Nålhållare SF Neulan pidin
7534		D Axialnadelkäfig E Jaula de agujas axiales F Cage pour butée à aiguilles GB Axial needle cage I Gabbia ad aghi assiali NL Axiale naaldkooi S Axialnålhållare SF Neulan pidin (aksiaali)

7535		D Nadelkranz E Corona de agujas F Cage à aiguilles GB Needle roller cage I Gabbia ad aghi NL Naaldkrans S Nålkrans SF Neularengas
7536		D Nadelhülse E Casquillo de agujas F Douille à aiguilles GB Needle roller cup I Boccola ad aghi NL Naaldhuls S Nålhylsa SF Neulaholkki
7537		D Kugelkäfig E Jaula de bolas F Cage à billes GB Ball cage I Gabbia per sfere NL Kogelkooi S Kulhållare SF Kuulan pidin
7538		D Käfig E Jaula F Cage GB Cage I Gabbia NL Kooi S Hållare SF Pidin
7540		D Kugel E Bola F Bille GB Ball I Sfera NL Kogel S Kula SF Kuula

7541		D Zylinderrolle E Rodillo cilíndrico F Rouleau cylindrique GB Cylindrical roller I Rullo cilindrico NL Cilindrische rol S Cylindrisk rulle SF Lieriörulla
7542		D Kegelrolle E Rodillo cónico F Rouleau conique GB Taper roller I Rullo conico NL Kegelrol S Konisk rulle SF Kartiorulla
7543		D Nadel E Aguja F Aiguille GB Needle I Rullino (ago) NL Naald S Nål SF Neula

MIX
Papier aus verantwortungsvollen Quellen
Paper from responsible sources
FSC® C105338

If you have any concerns about our products,
you can contact us on
ProductSafety@springernature.com

In case Publisher is established outside the EU,
the EU authorized representative is:
Springer Nature Customer Service Center GmbH
Europaplatz 3, 69115 Heidelberg, Germany

Printed by Libri Plureos GmbH
in Hamburg, Germany